U0193670

河南省文物考古研究院文物保护类己种第5号

河南省文化局文物工作队旧址修缮工程实录

河南省文物考古研究院　编

學苑出版社

图书在版编目（CIP）数据

河南省文化局文物工作队旧址修缮工程实录 / 河南省文物考古研究院编著 . — 北京：学苑出版社，2023.7

ISBN 978-7-5077-6699-8

Ⅰ . ①河… Ⅱ . ①河… Ⅲ . ①古建筑—修缮加固—河南 Ⅳ . ① TU746.3

中国国家版本馆 CIP 数据核字（2023）第 128956 号

出 版 人：洪文雄
责任编辑：周 鼎 魏 桦
出版发行：学苑出版社
社 址：北京市丰台区南方庄 2 号院 1 号楼
邮政编码：100079
网 址：www.book001.com
电子信箱：xueyuanpress@163.com
联系电话：010-67601101（营销部）、010-67603091（总编室）
印 刷 厂：廊坊市印艺阁数字科技有限公司
开本尺寸：787 mm × 1092 mm 1/16
印 张：20.75
字 数：272 千字
版 次：2023 年 7 月第 1 版
印 次：2023 年 7 月第 1 次印刷
定 价：480.00 元

本书编委会

序

建筑艺术有其独特的魅力，想必到访过河南省文物考古研究院的人，常常会被院内三座庄重雅致、独具风格的苏式建筑吸引。这三座建筑均为单檐悬山屋面，红机瓦覆顶，特色鲜明，既有苏联传统的特色，又富含我国传统建筑元素，带有特定时代的鲜明印记，充分展示了社会主义计划经济时期的建筑特点。其中1号楼建成于1955年，坐西朝东，平面呈凹字形，共两层，带前廊，为砖木结构，三角形木桁架。2号楼分两次建成，第一层建成于1954年春，第二层建成于1957年，该建筑亦坐西朝东，平面呈一字形，为两层砖木结构，带前廊，三角形木桁架。3号楼建成于1957年，坐东朝西，平面呈一字形，为两层砖木结构。对于文物考古工作者而言，这些苏式古建筑背后的建设保护历程集合精湛建筑技艺和保护智慧，是更有价值和魅力的存在。

时移境迁，这三座凝聚时代情感、审美和建造艺术的省级文保建筑一度因2021年郑州“7·20”特大暴雨灾害受到损坏，屋面部分瓦件因强降水松动、脱落，部分木构架被雨水侵蚀，屋内积水严重。后来，经过省文物局的批准，省文物考古研究院系统实施保护修缮行动，让这三座小楼重新焕发了昔日的光彩。

近年，我国文物保护工程开展得如火如荼，但工程实录和报告的编制与出版工作还没有得到充分重视，工程实录和报告的缺失与滞后某种程度上制约了文物保护工程行业发展水平提升。牛宁先生是原河南省古代建筑保护研究所副所长，是国内文物保护领域的知名专家，承担了国家和河南省多项文物保护工程的设计、施工和监理工作，经验丰富。在牛宁先生的建议下，我院开始着手组织人员进行工程实录编写工作，并于2022年10月完成了既定任务。

本书介绍了河南省文化局文物工作队旧址的文物概况及本次工程前期准备工作；着重介绍了业主单位、施工单位、监理单位在工程实施中的各项工作；汇集了施工和监理日志、会议纪要等资料，记录了工程施工的全过程。本书全面地展示了本次修缮工程的全貌，在知识层面涉及工程建设、维护管理、建筑技术、修复技术，深入详细、数据精准，具备较强的系统性、专业性和实用性，既可作为建筑研究者参考之用，亦可延展预防性保护与传统古建筑修缮工程在实际应用中的思考，对古建筑修缮研究具有积极意义，其成稿出版实乃幸事。

文化在中华大地上演出过多大的场面，只有遗迹可以见证。习近平总书记指出，“文化是城市的灵魂。城市历史文化遗存是前人智慧的积淀，是城市内涵、品质、特色的重要标志。要妥善处理好保护和发展的关系，注重延续城市历史文脉，像对待‘老人’一样尊重和善待城市中的老建筑，保留城市历史文化记忆，让人们记得住历史、记得住乡愁，坚定文化自信，增强家国情怀。”在中国考古学已经开启第二个百年新征程的历史阶段，河南也将将踔厉奋发，趁势而为，为加强文物保护利用和文化遗产保护传承、建设中国特色中国风格中国气派的考古学贡献河南力量。

是为序。

沈锋

2023年5月

目录

第一章　工程勘测

一、历史沿革

河南省文物考古研究院位于郑州市管城回族区陇海北三街9号，成立于1952年，是全国最早成立的文物考古研究院所之一，承担着河南省地下文物的调查、发掘、保护和科学研究等任务。1981年2月成立河南省文物研究所，1994年12月又更名为河南省文物考古研究所，2013年4月更名为河南省文物考古研究院。

河南省文化局文物工作队旧址位于河南省文物考古研究院院内，包含1号楼、2号楼、3号楼三座文物建筑。

20世纪50年代，来自苏联的专家支援我国“一五”期间兴建了156项重点工程，建造了一批具有苏式风格的建筑以及各种配套设施。这些苏式建筑风格独特，既有苏联传统的红砖特色，又表现了风格派建筑的特点，同时还富含我国传统建筑元素，带有特定时代的鲜明印记，充分体现了社会主义计划经济时期的特点。河南省文物考古研究院院内1号楼、2号楼、3号楼就是20世纪50年代所建建筑，1号楼建成于1955年，2号楼第一层建成于1954年春、3号楼和2号楼第二层建成于1957年。

2021年，河南省文化局文物工作队旧址被河南省人民政府公布为省级文物保护单位。

二、建筑形制及结构

河南省文物考古研究院院内1号楼、2号楼、3号楼分布较为规整，1号楼、2号楼分布于大门北南两侧，均坐西朝东，3号楼正对大门，坐东朝西。

据《中国通史》第十一卷《近代前编（上册）》第四章《工业工程技术》记载，“近代新建筑的屋顶结构是区别于中国传统屋顶最明显的部分。19 世纪后半叶新建造的建筑屋顶多用三角形木桁架结构，这种结构一直延续到 20 世纪”。河南省文物考古研究院院内 1 号楼、2 号楼、3 号楼的结构就是该种结构。

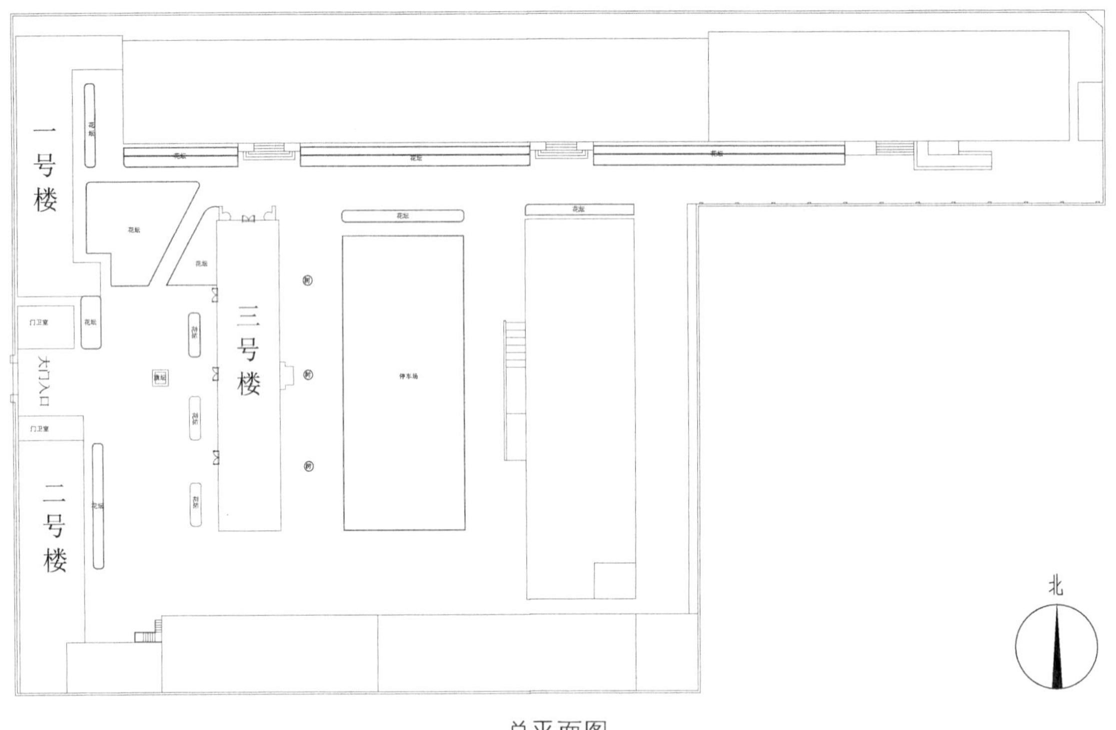

总平面图

1 号楼坐西朝东，共两层，带前廊，为砖木结构，通面阔 27.77 米，通进深 4.2 米，建筑面积约 349.36 平方米。平面呈凹字形，布局一层、二层均为两个大间、七个小间的使用格局，除山墙和隔墙外，各间均设有三角形木桁架。木桁架的下弦架为两段檩条相连，中间用铁板和螺钉加固，再由从脊檩条下伸出一根长螺栓拉至下弦架下皮用以稳固下弦架，上弦架为两块通长木板呈人字形对搭，交接处用铁钉加固，上弦架顶端承脊檩条，两坡各设五根檩条，平均分布于上弦架上，檩条与上弦架坡度呈平行状，在上弦架上钉设三角形木块用以稳固檩条。每隔一缝桁架间用十字交叉撑木加以拉结固定。檩条上未设椽子，用望板作为替代，屋面为单檐悬山屋面，采用红色机制瓦构件，正脊亦为红色机制脊瓦扣瓦。基础均为当地产毛石砌筑，颜色有青灰色、赭红色。墙体为青条砖砌筑，砖规格为 240 毫米 ×120 毫米 ×55 毫米。地面一层为水泥地面，二层为木地板。

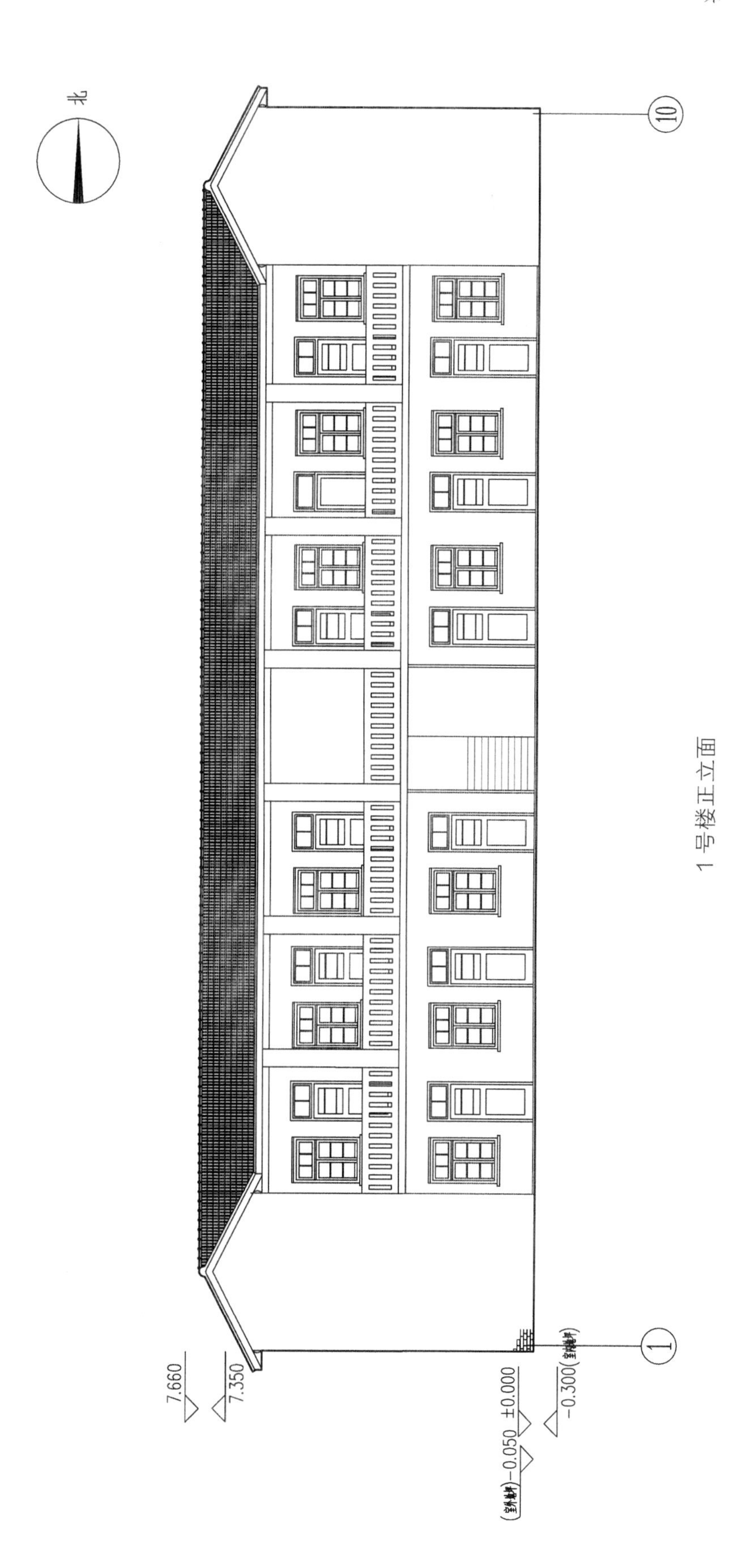

1号楼正立面

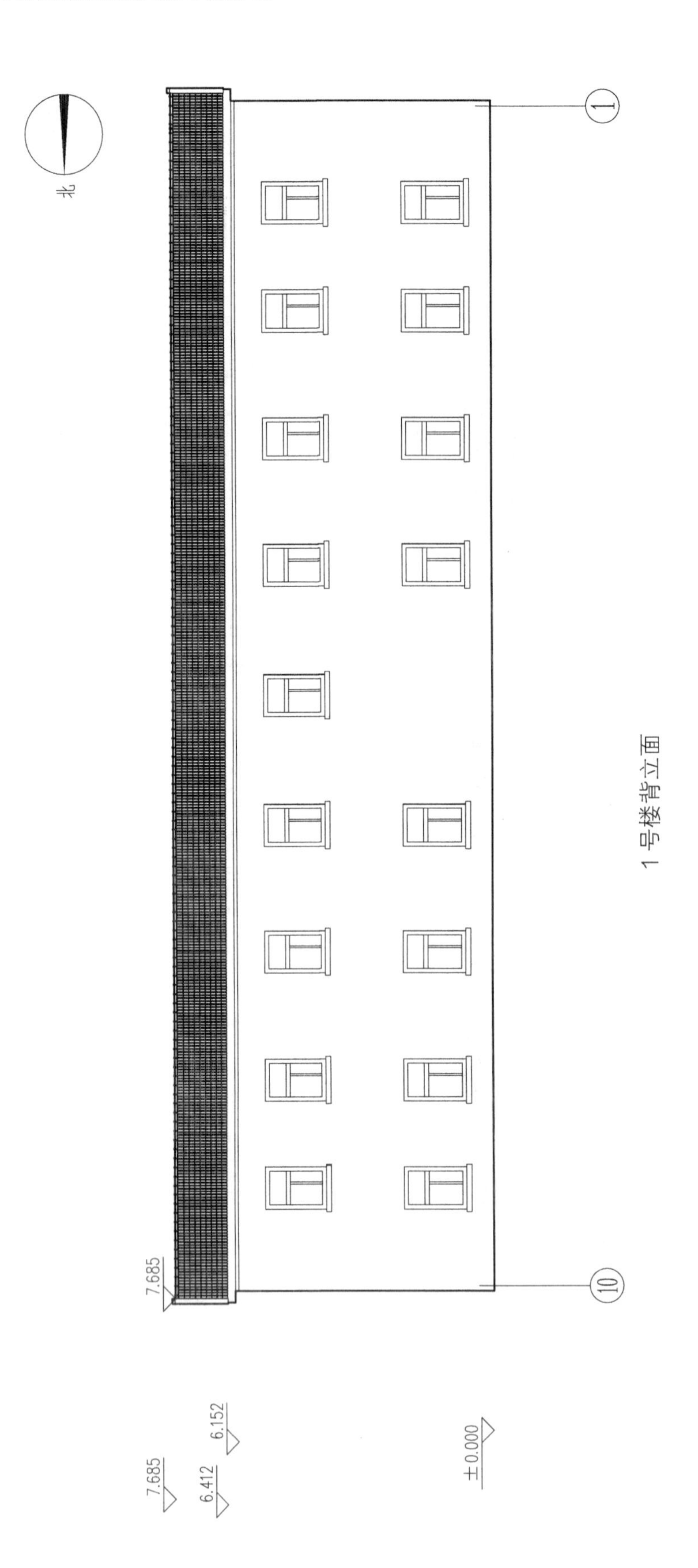

1号楼背立面

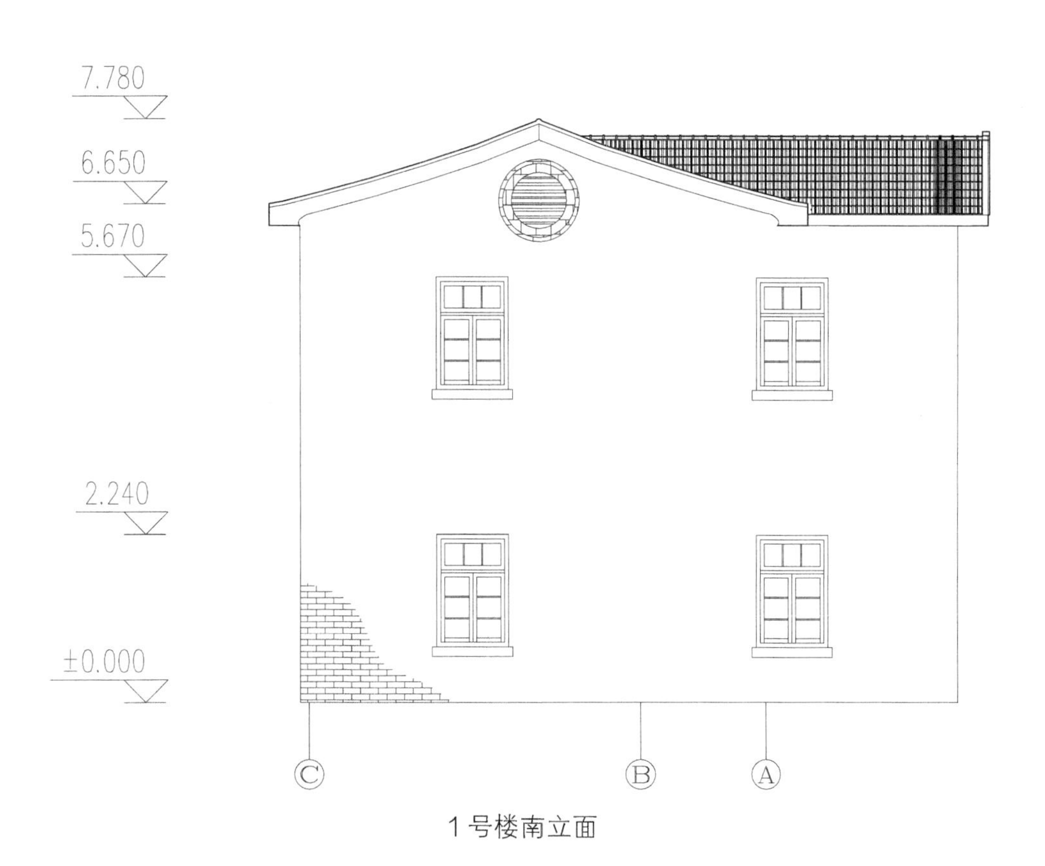

1 号楼南立面

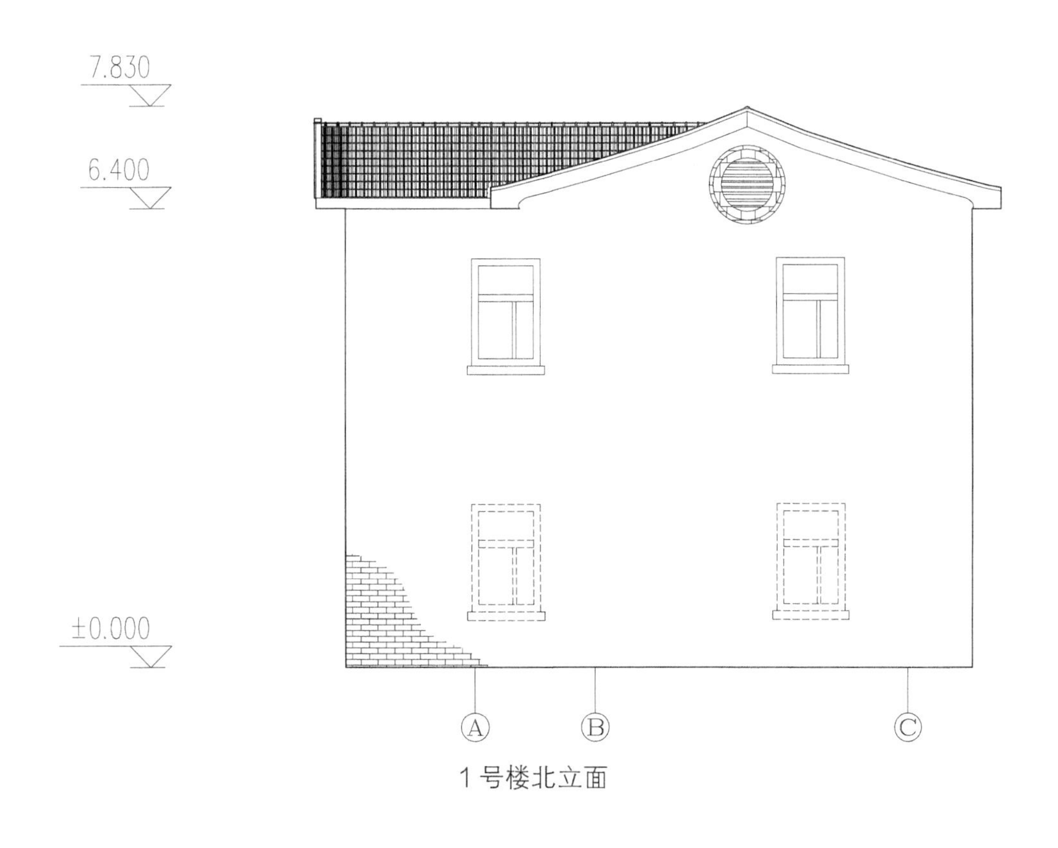

1 号楼北立面

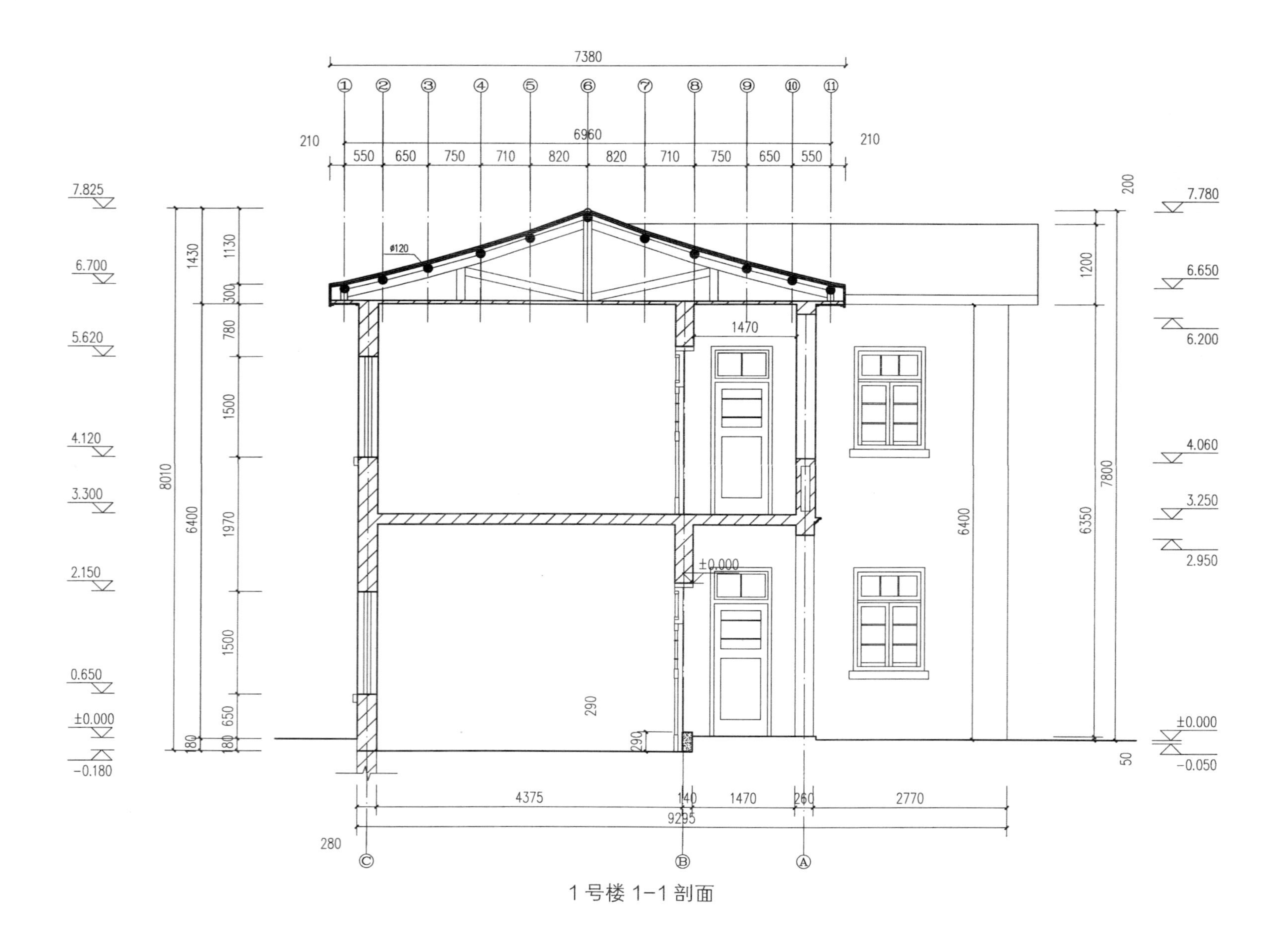
7380
210
6960
210
550
650
750
710
820
820
710
750
650
550
7.825
6.700
5.620
4.120
3.300
2.150
0.650
±0.000
-0.180
8010
1430
6400
1130
300
780
1500
1970
1500
650
180
φ120
1470
±0.000
290
7.780
6.650
6.200
4.060
3.250
2.950
±0.000
-0.050
200
1200
7800
6350
6400
50
4375
140
1470
260
2770
9295
280

1号楼 1-1 剖面

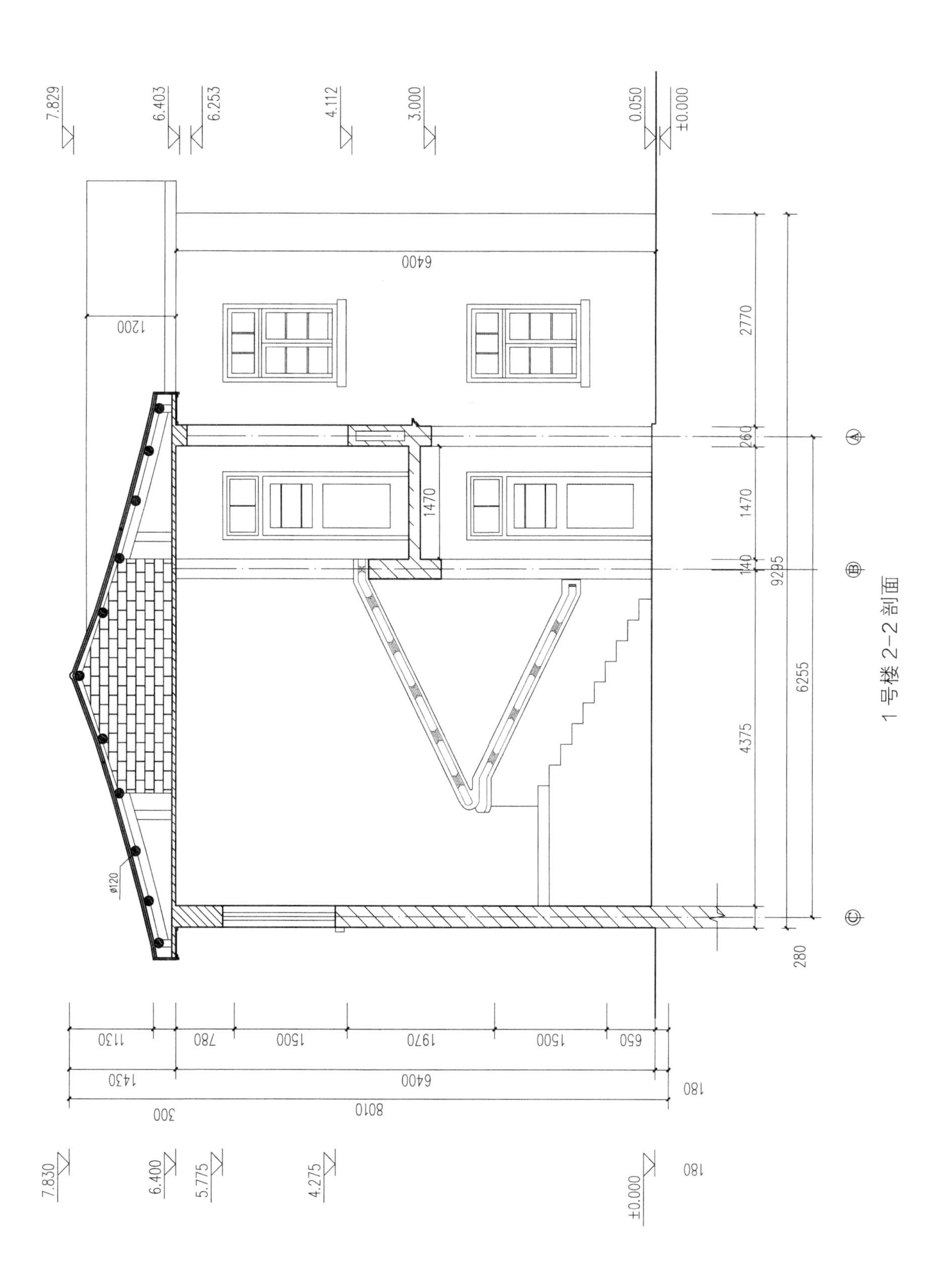

1号楼 2-2 剖面

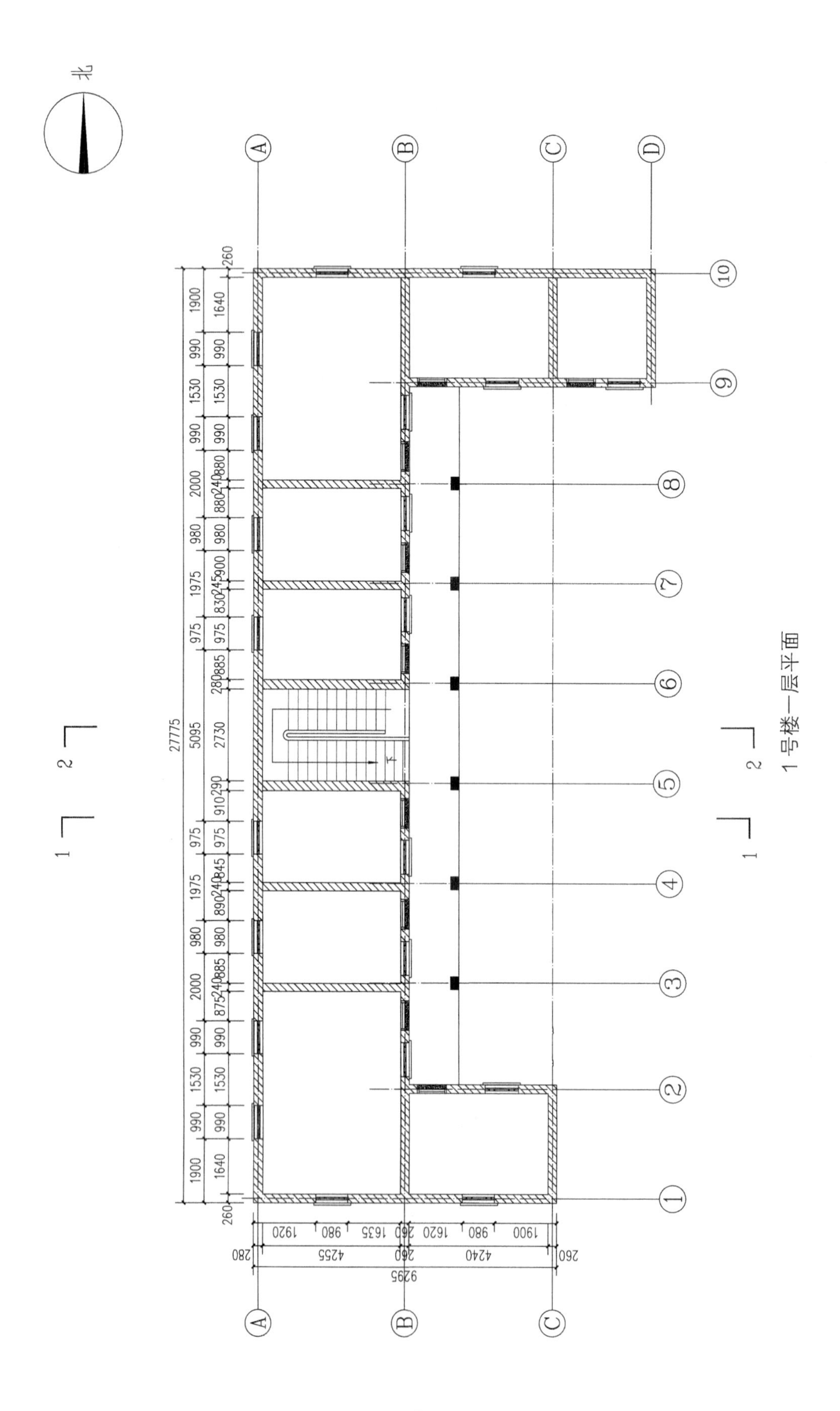

1号楼一层平面

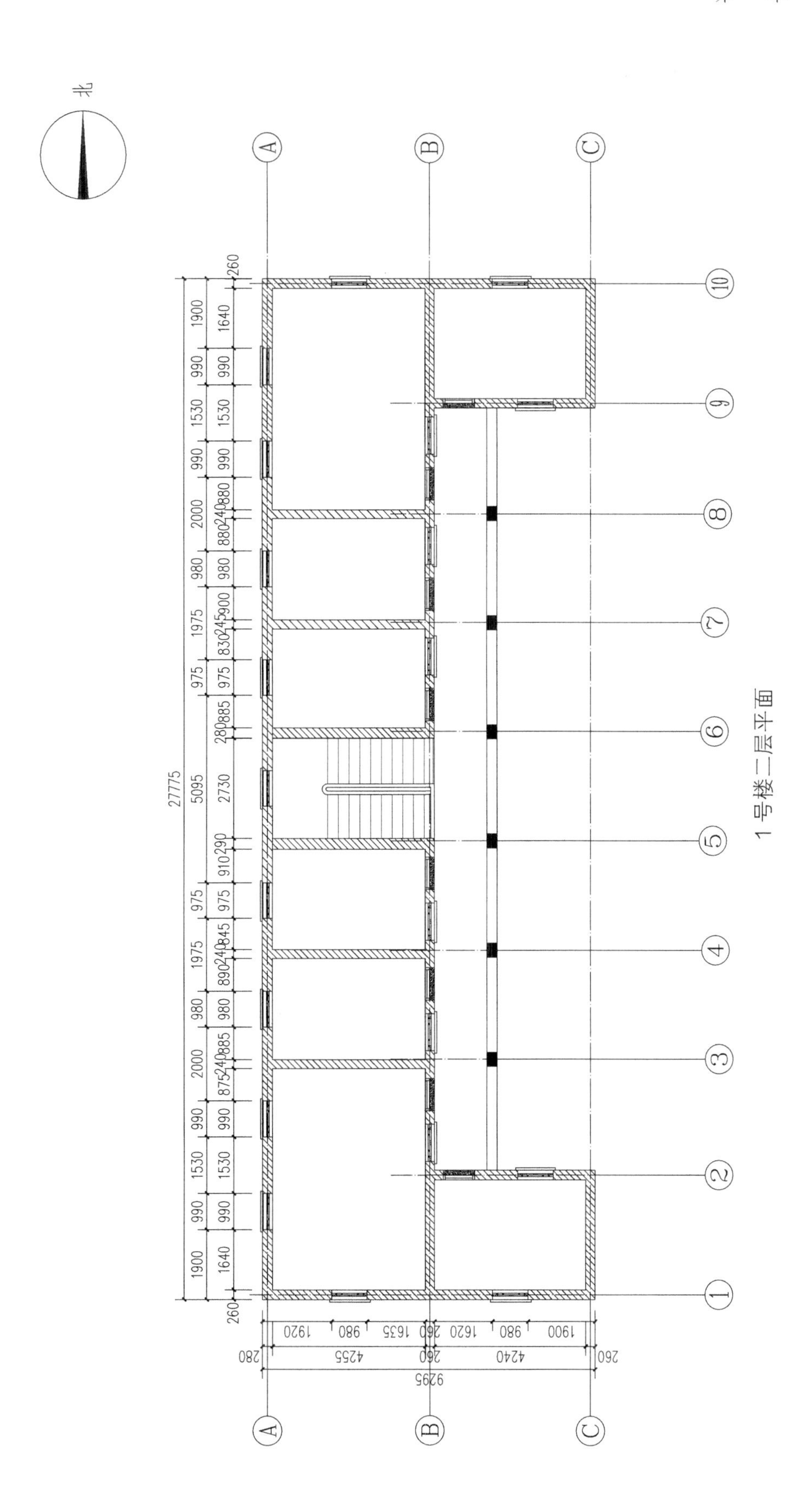

1号楼二层平面

2号楼坐西朝东，为砖木结构，共两层，带前廊，通面阔27米，通进深5米，建筑面积361.66平方米。平面呈一字形，布局一层共分为四个大间、两个小间的使用格局，二层有一个大间后期增加隔断变为两个小间，共分为三个大间、四个小间的使用格局，除山墙和隔墙外，各间均设有三角形木桁架。木桁架的下弦架为两段檩条相连，中间用铁板和螺钉加固，再由从脊檩条下伸出一根长螺栓拉至下弦架下皮用以稳固下弦架，上弦架为两块通长木板呈人字形对搭，交接处用铁钉加固，上弦架顶端承脊檩条，两坡各设四根檩条，平均分布于上弦架上，檩条与上弦架坡度呈平行状，在上弦架上钉设三角形木块用以稳固檩条。每隔一缝桁架间用十字交叉撑木加以拉结固定。檩条上未设椽子，用望板作为替代，屋面南侧单檐悬山屋面，北侧为坡顶，采用红色机制瓦构件，正脊亦为红色机制脊瓦扣瓦。基础均为当地产毛石砌筑，颜色有青灰色、赭红色。墙体为青条砖砌筑，砖规格为240毫米 ×120毫米 ×55毫米。地面均为水泥地面。

3号楼坐东朝西，共两层，为砖木结构，通面阔33.4米，通进深7.1米，建筑面积约474.28平方米。平面呈一字形，布局一层、二层均为两个大间的使用格局，除山墙和隔墙外，各间均设有三角形木桁架。木桁架的下弦架为两段檩条相连，中间用铁板和螺钉加固，再由从脊檩条下伸出一根长螺栓拉至下弦架下皮用以稳固下弦架，上弦架为两块通长木板呈人字形对搭，交接处用铁钉加固，上弦架顶端承脊檩条，两坡各设六根檩条，平均分布于上弦架上，檩条与上弦架坡度呈平行状，在上弦架上钉设三角形木块用以稳固檩条。每隔一缝桁架间用十字交叉撑木加以拉结固定。檩条上未设椽子，用望板作为替代，屋面为单檐悬山屋面，采用红色机制瓦构件，正脊亦为红色机制脊瓦扣瓦。基础均为当地产毛石砌筑，颜色有青灰色、赭红色。墙体为红条砖砌筑，砖规格为240毫米 ×120毫米 ×55毫米。地面均为水泥地面。

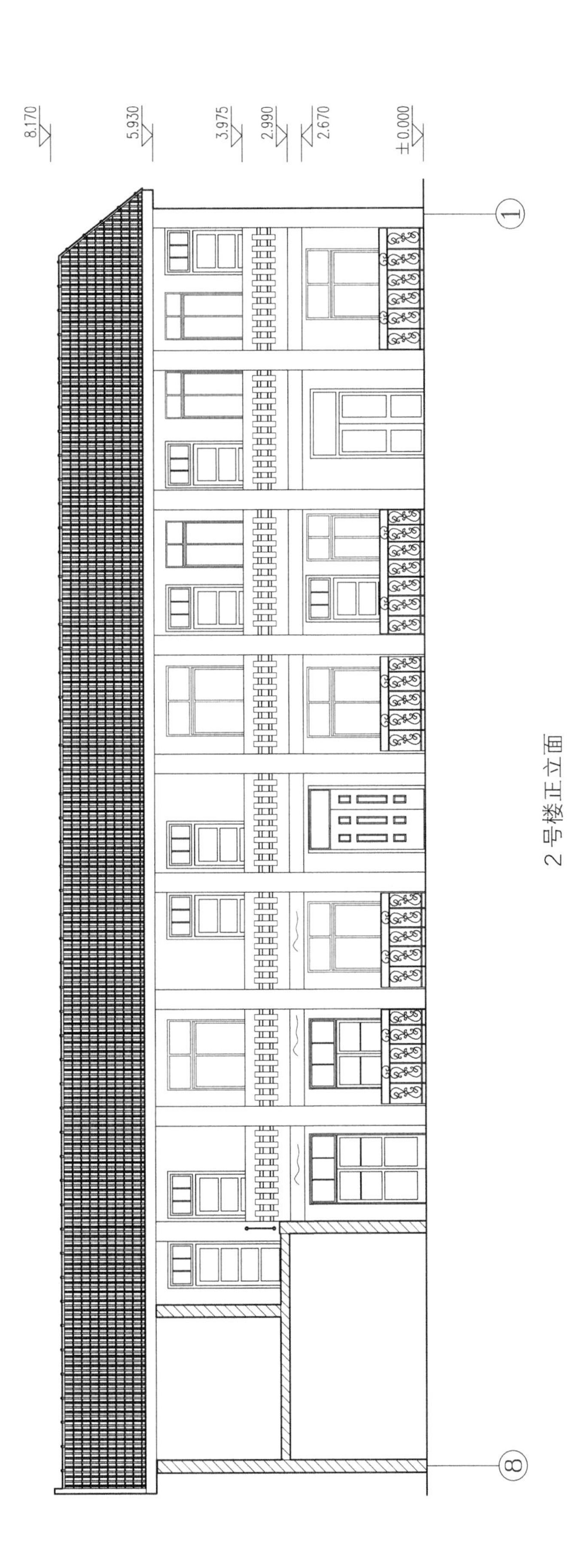

2号楼正立面

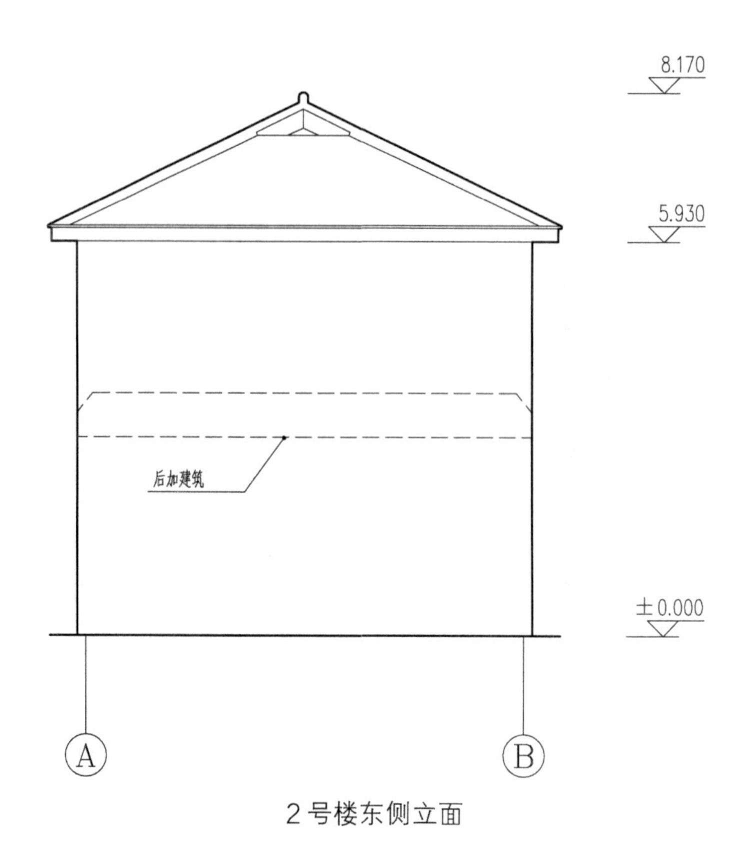

2号楼东侧立面

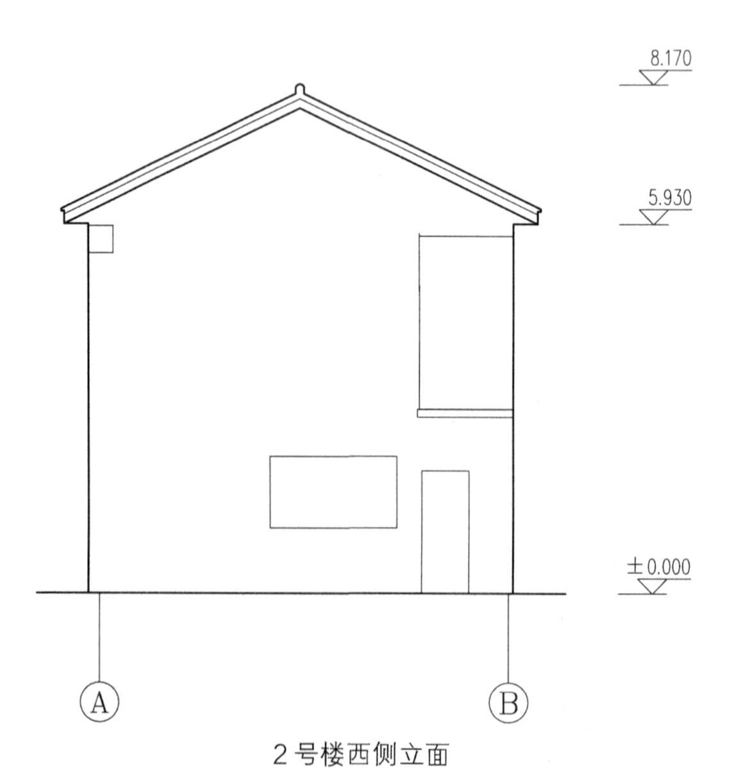

2号楼西侧立面

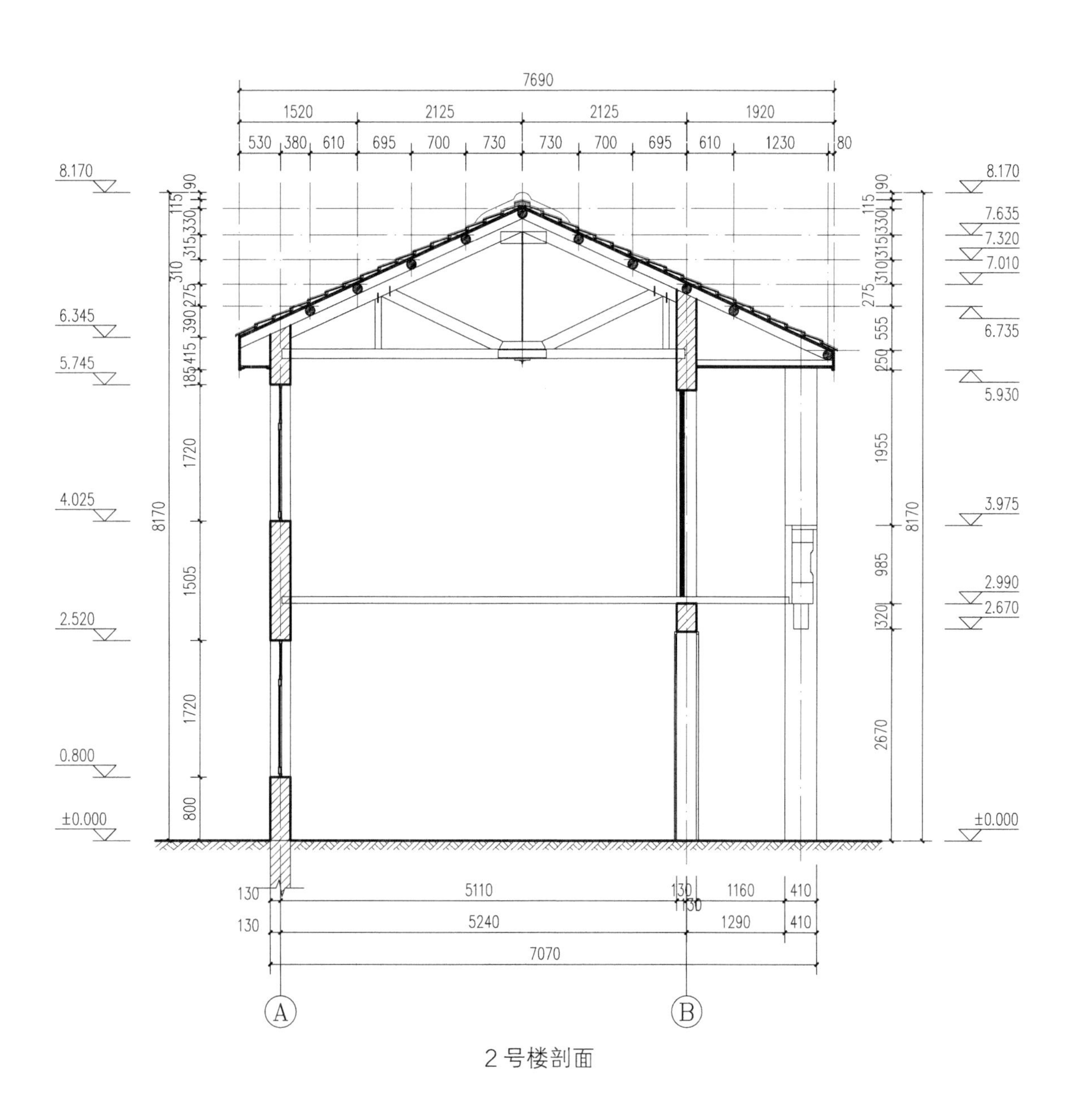
7690
1520
2125
2125
1920
530
380
610
695
700
730
730
700
695
610
1230
80
8.170
6.345
5.745
4.025
2.520
0.800
±0.000
8.170
7.635
7.320
7.010
6.735
5.930
3.975
2.990
2.670
±0.000
8170
1720
1505
1720
800
1955
985
320
2670
8170
130
5110
130
1160
410
130
5240
1290
410
7070
A
B

2 号楼剖面

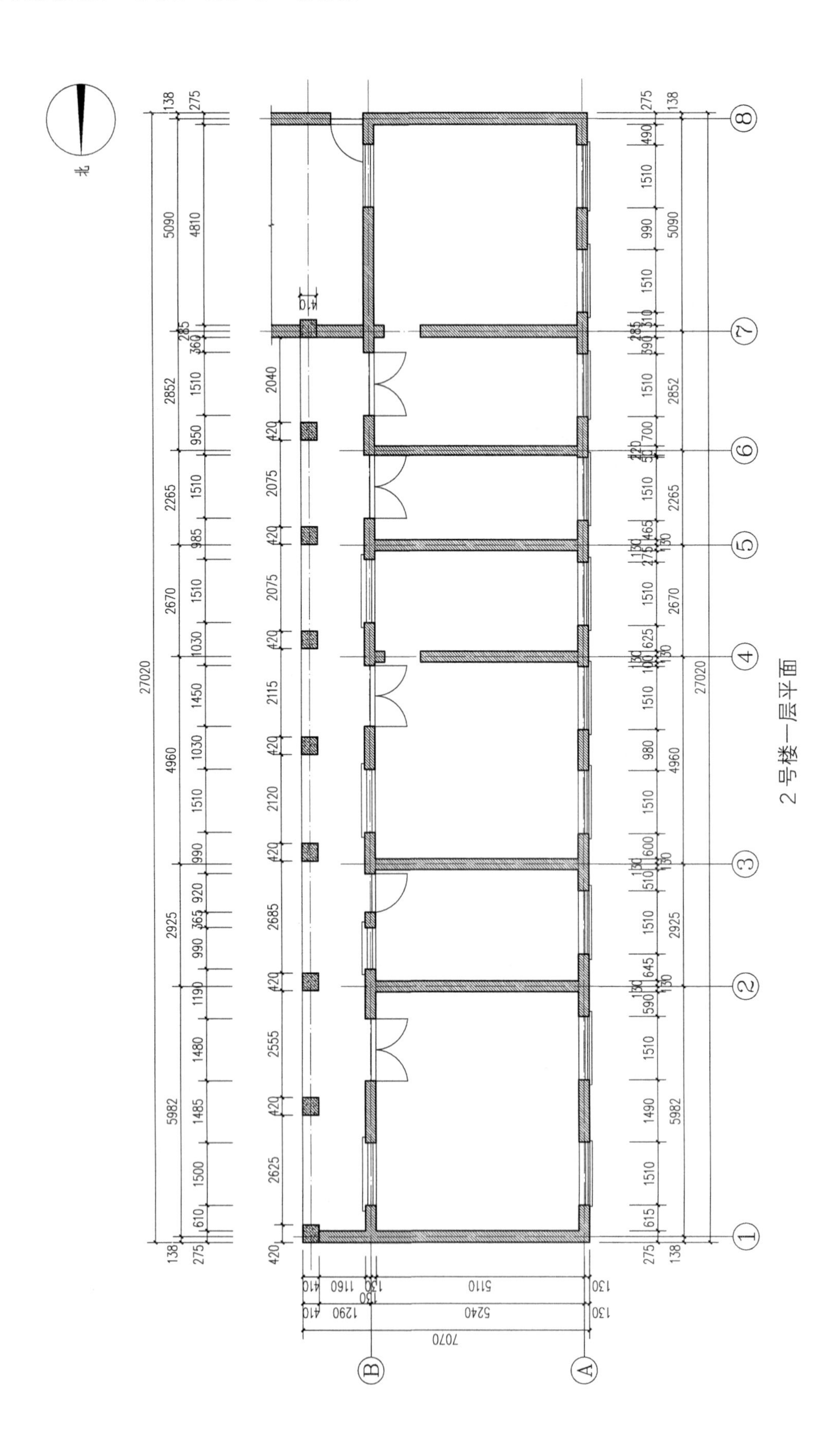

2号楼一层平面

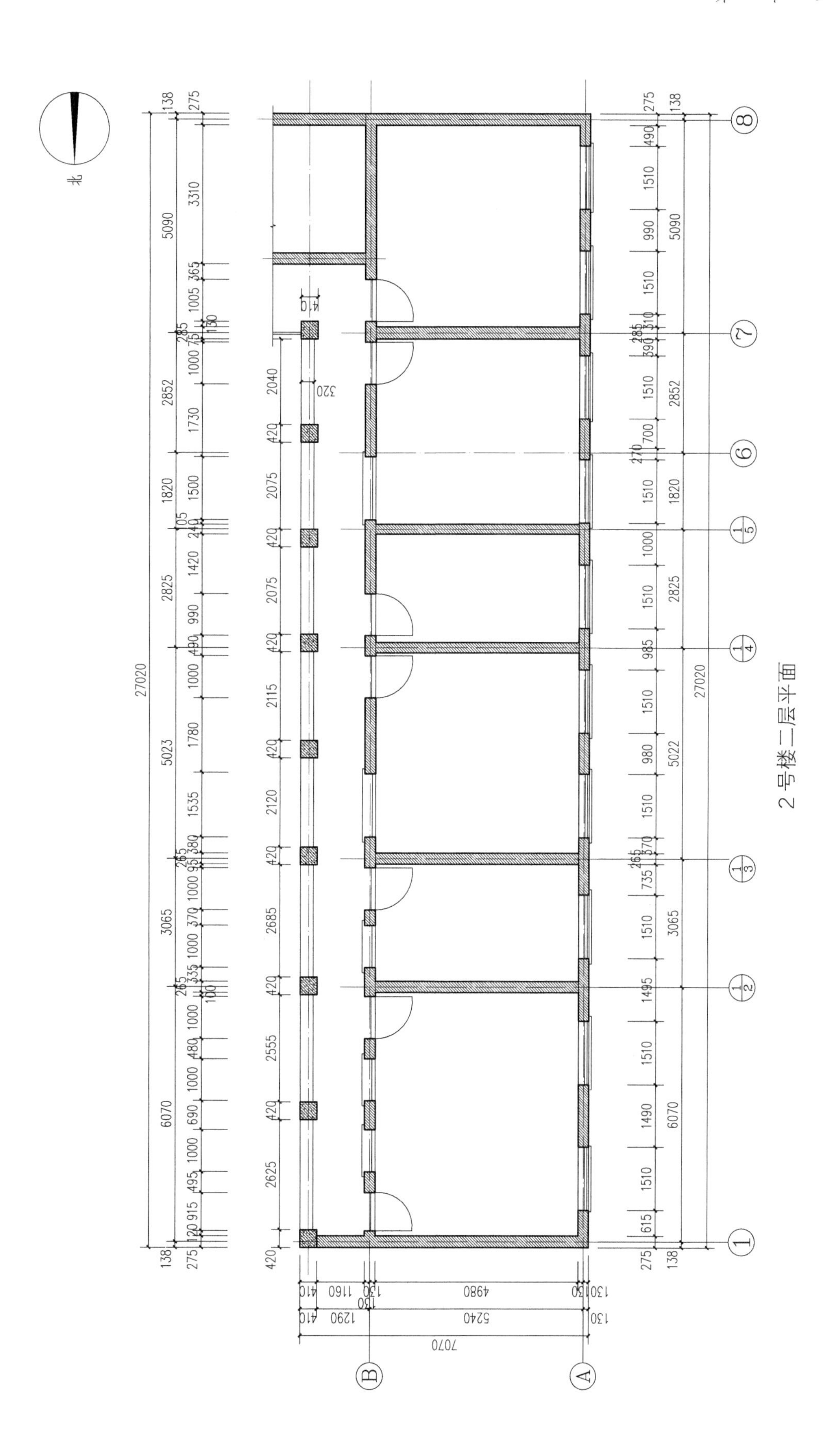

2号楼二层平面

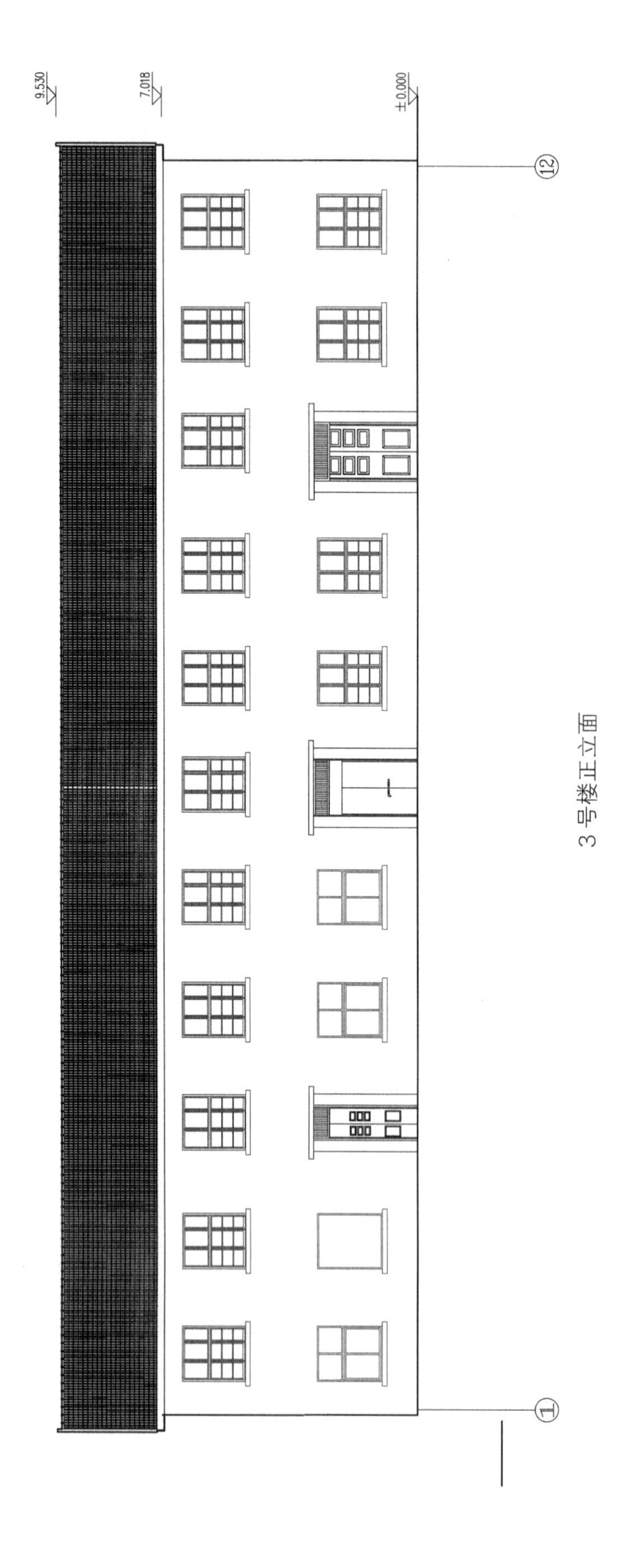

3号楼正立面

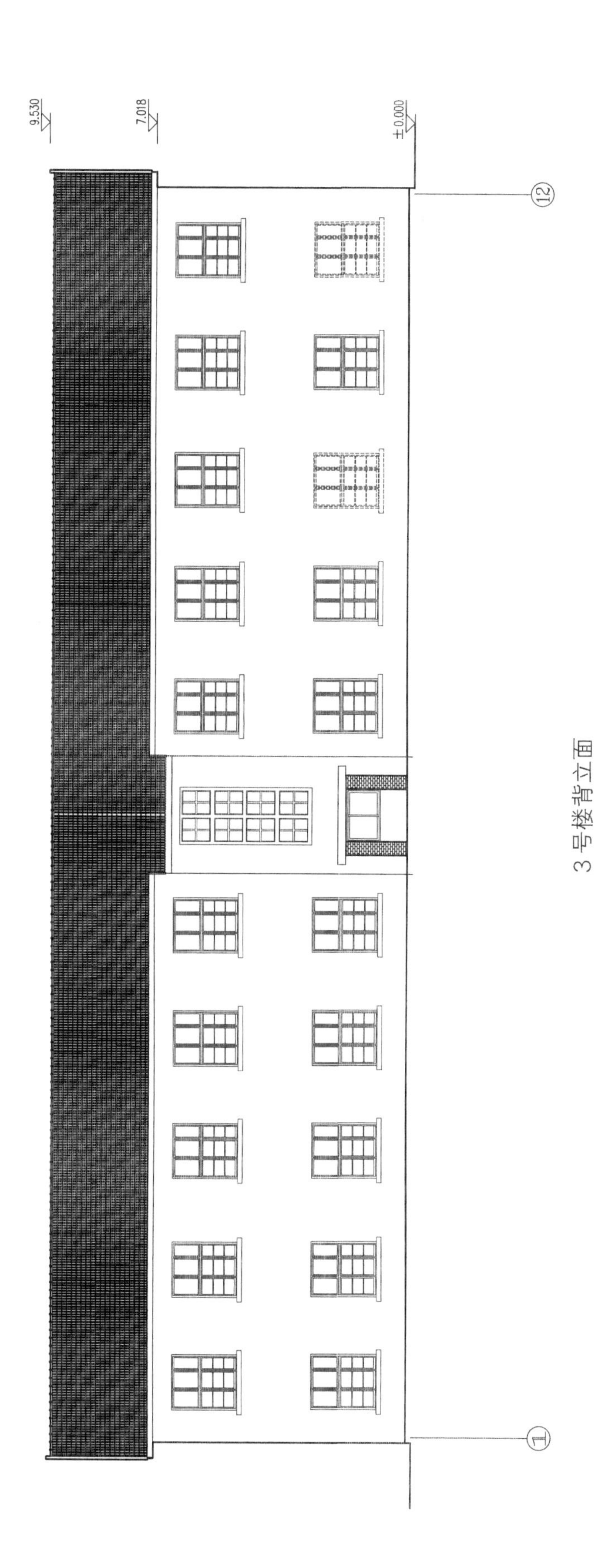

3号楼背立面

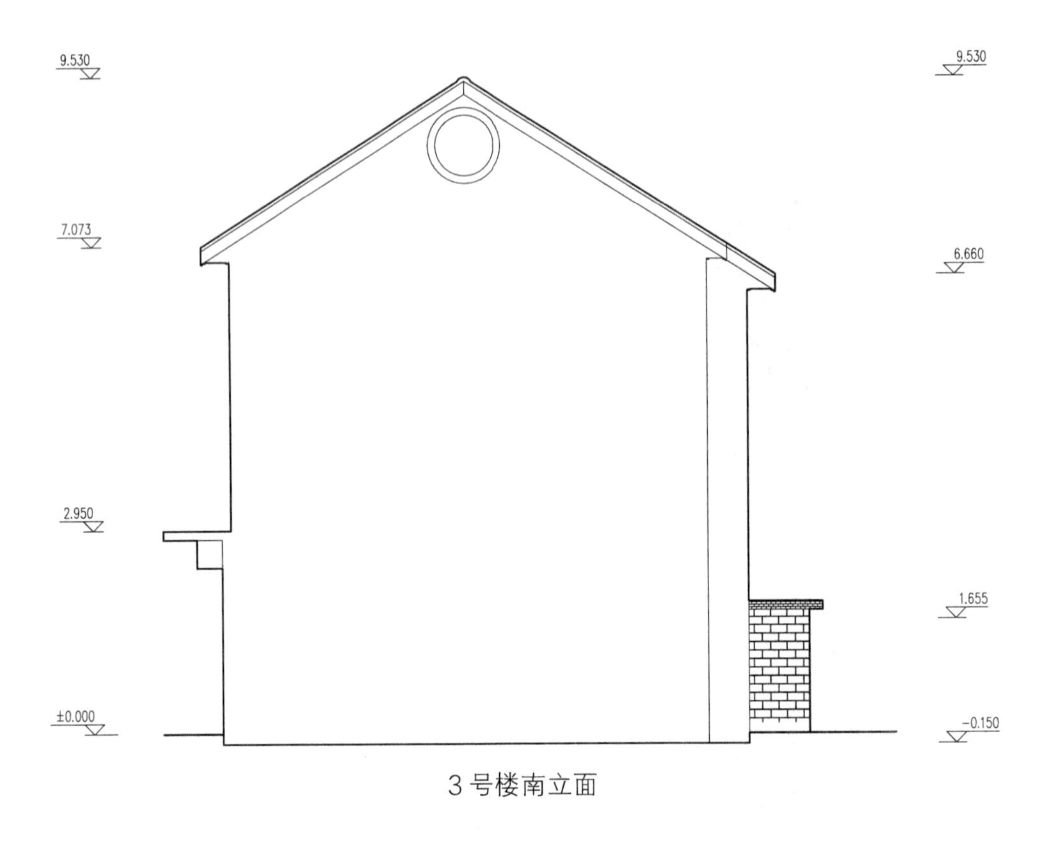

3号楼南立面

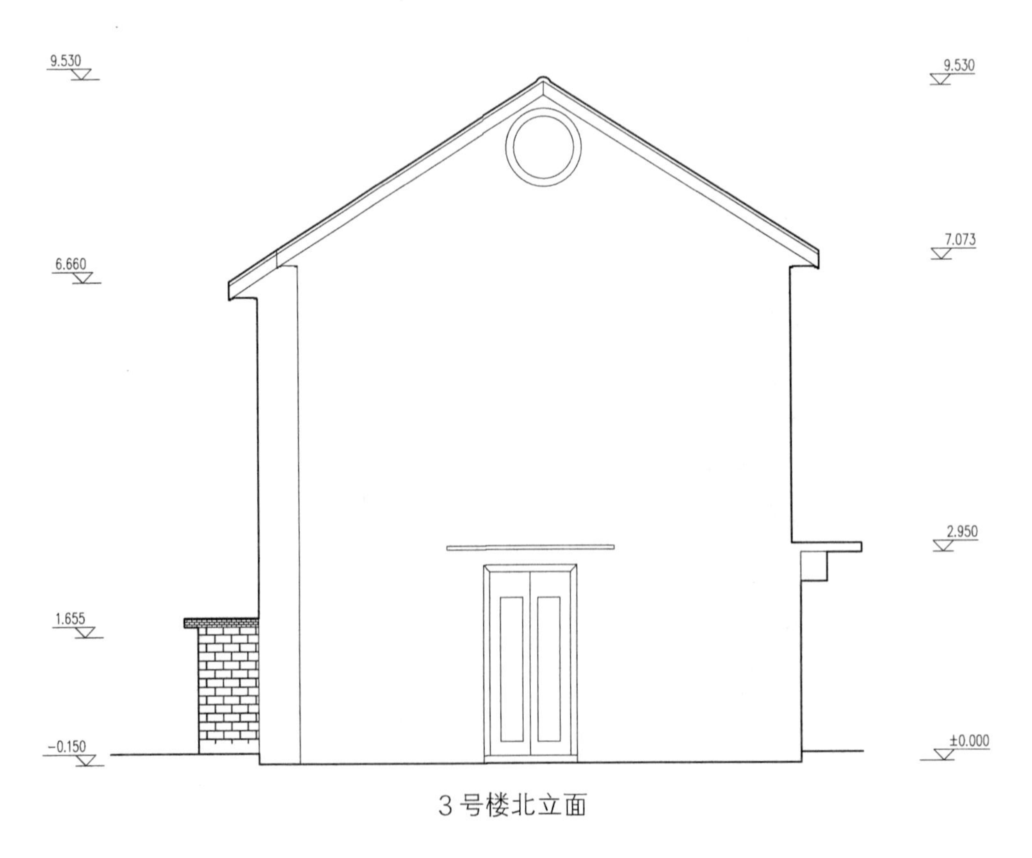

3号楼北立面

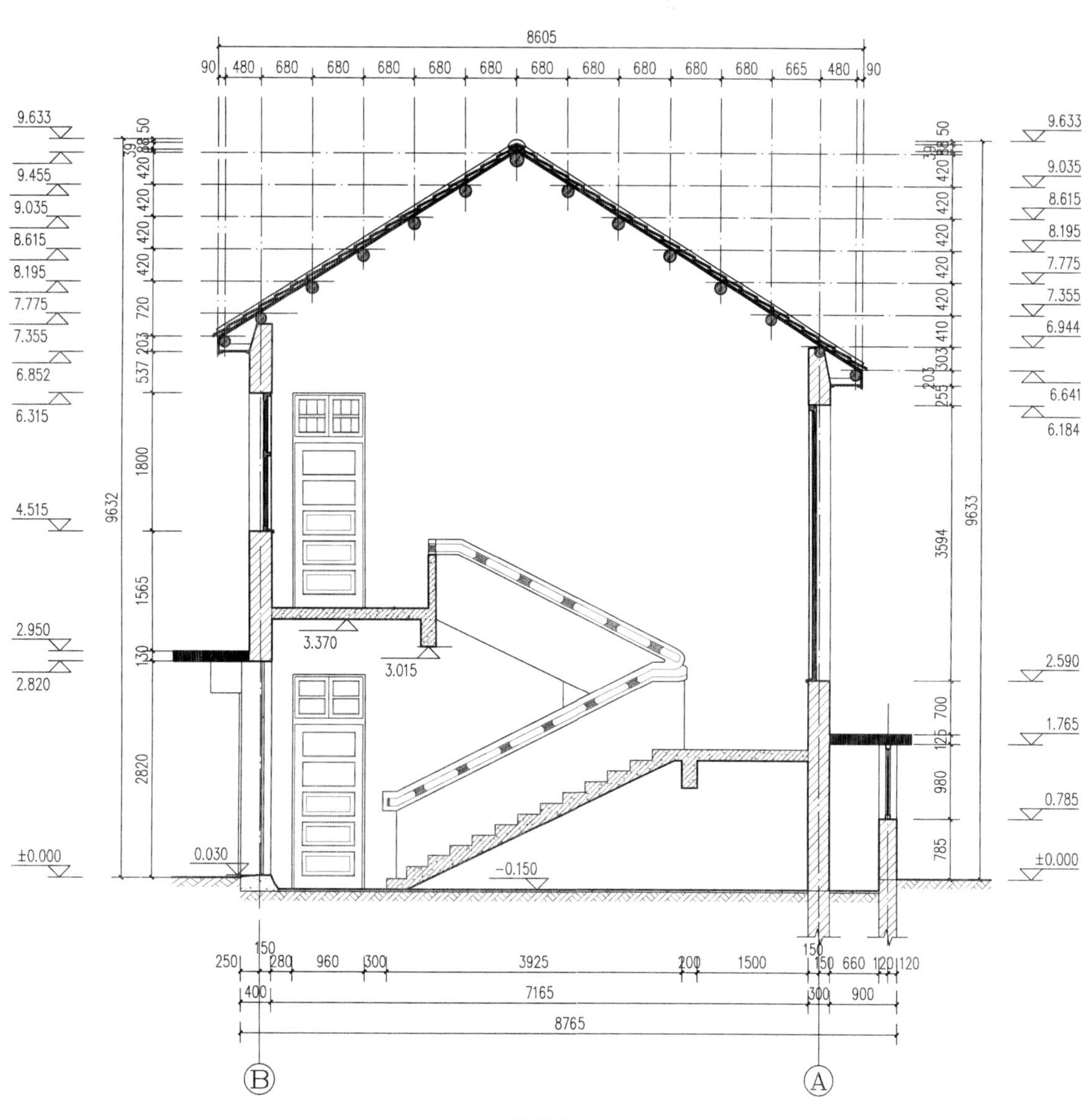

8605
90 480 680 680 680 680 680 680 680 680 680 680 665 480 90
9.633
9.455
9.035
8.615
8.195
7.775
7.355
6.852
6.315
4.515
2.950
2.820
±0.000
50 88 39 420 420 420 420 720 203 537 1800 1565 130 2820
9632
9.633
9.035
8.615
8.195
7.775
7.355
6.944
6.641
6.184
2.590
1.765
0.785
±0.000
50 58 39 420 420 420 420 420 410 303 203 255 3594 700 120 980 785
9633
3.370
3.015
0.030
-0.150
250 150 280 960 300 3925 200 1500 150 150 660 120 120
400 7165 300 900
8765
B
A

3号楼剖面

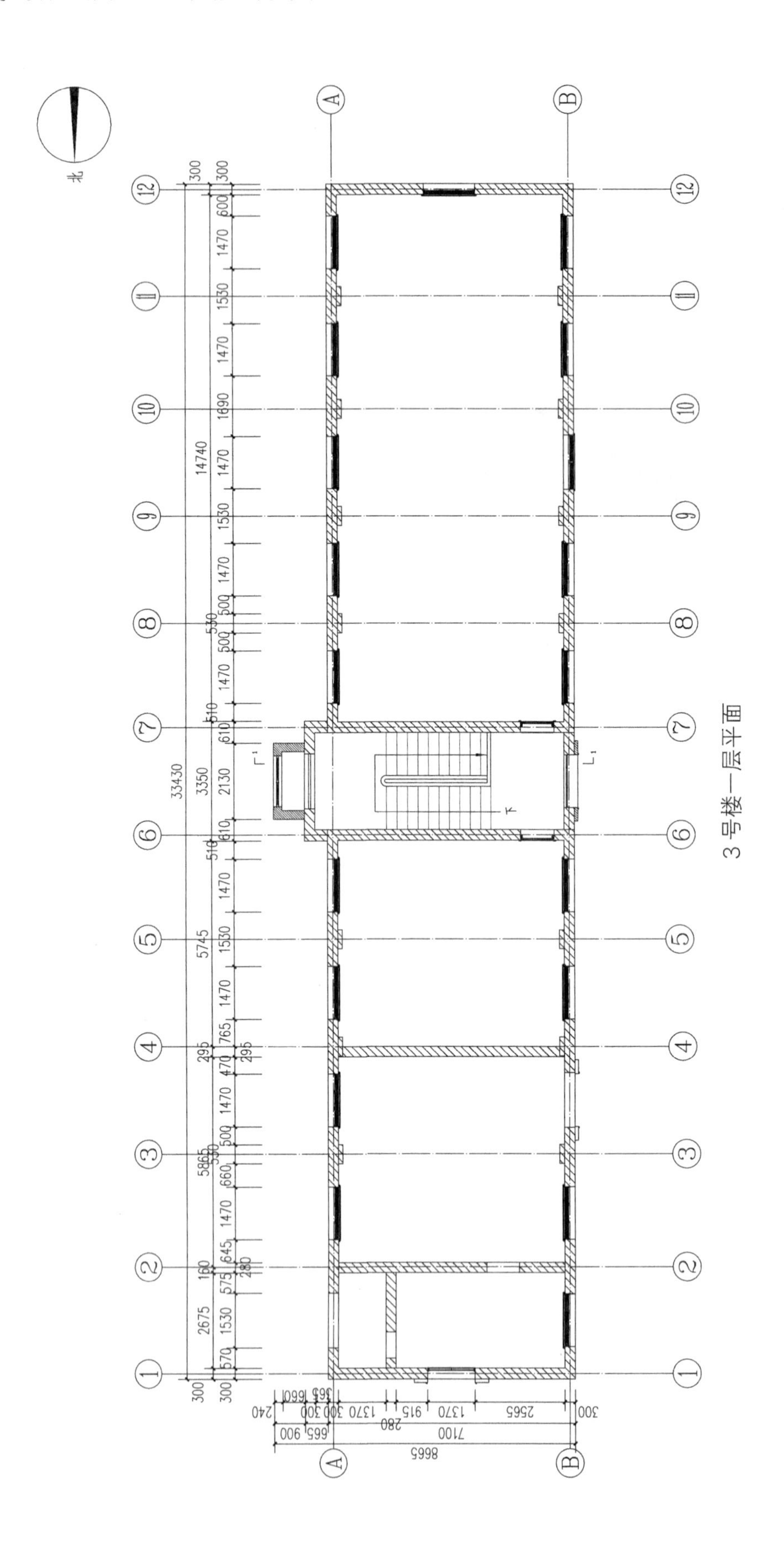
北
3 号楼一层平面
33430
14740
5745
5865
2675
3350
7100
8665

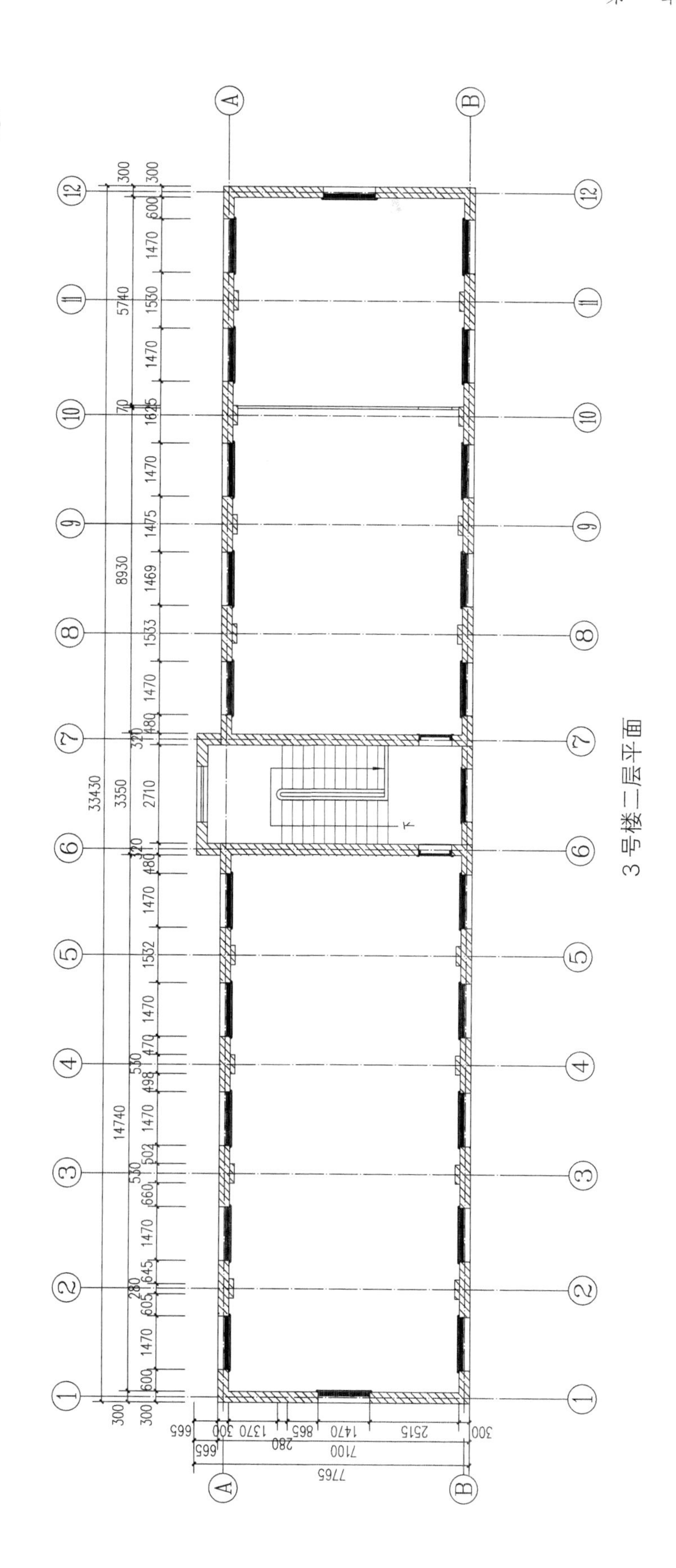
3号楼二层平面

三、价值评估

（一）木结构制作规整考究，充分体现了近现代建筑的独特风格，具有较高历史价值、科学价值和艺术价值。

（二）三栋楼房的建设过程可从侧面反映出近代历史的部分历史事件，具有丰厚的历史积淀，是不可再生的人文资源，具有一定的历史研究价值。

（三）三栋楼房距今已有数十年的历史，整体设计用料规整，设计合理，是我们研究中国近代建筑不可多得的实物资料，保留了丰富的时代历史信息，对建筑的发展和演变具有较高的科学研究价值。

（四）作为新中国刚成立时期的产物，见证着一个时代的兴起，其蕴藏着的丰富的历史信息和深厚的文化内涵，反映出社会及建筑业发展变化的脉络，是研究地方经济发展的主要历史遗存，具有较高的艺术欣赏价值。

四、残损现状勘察

河南省文物考古研究院 1 号楼、2 号楼、3 号楼由于多年未做整体维修，导致其生存环境复杂，道路、绿化、地面铺装、水电、消防、安防、管理设施等方面缺乏系统性和规范性，这些种种都对建筑本体造成了不同程度的损坏及较多的安全隐患。

勘察设计单位在对河南省文物考古研究院 1 号楼、2 号楼、3 号楼的勘察过程中，未发现该建筑因基础病害出现的墙体裂缝、建筑局部沉降等状况，结合当地地质情况分析，认为各建筑基础稳定，无基础变形的病害。但是，三座建筑均存在屋面瓦件脱落、破碎，漏雨，木构架糟朽、裂缝等现象。

根据勘察设计单位勘察情况和文物建筑实际状况，修缮前文物建筑残损情况如下表：

1 号楼

序号	名称	残损位置、性质、程度	损坏原因
1	散水	经现场勘察，未发现该建筑有遗存散水痕迹，现室外地面雨后会滋生大面积苔藓，再加上未置散水，造成排水不畅，已对外部墙体造成残损。	人为改制
2	地面	一层室内地面为原状混凝土地面，但是由于后人抬升院内地面，导致室内地面低于院内地面约 15 厘米；一层前廊地面由于办公使用已改为瓷砖地面；二楼室内为木地板，由于年久失修、屋面漏雨导致木地板有少量残损，且屋内杂物、家具四处堆集，地面总残损约 20%，约 70 平方米。	屋面漏雨、使用损耗
3	墙体	一层前檐墙下部砖受潮酥碱、剥落，面积共约 17.4 平方米。	雨水侵蚀、自然侵蚀
		墙体外立面全部被后人用白色涂料粉刷。	人为改制
		各房间由于年久失修、屋面漏雨、下部潮湿的原因，室内 30% 内墙皮出现剥落、酥碱粉化现象，导致内墙面污浊不堪。	年久失修、屋面漏雨、下部返潮
4	楼梯	踏步表面破损，扶手糟朽、裂缝。	年久失修、使用损耗
5	装修	门除二楼轴 7– 轴 8 间后人改建为现代防盗门，其余均为原有样式木门；二层前檐墙轴 6– 轴 7、轴 7– 轴 8 窗后人改建为塑钢窗，其余均为原有样式木窗，后檐墙窗全部被后人改为断桥铝窗。原有木门窗均有一定程度破损。	年久失修、人为改制
		二层走廊栏杆内外侧由于雨水侵蚀酥碱、剥落，面积约 8 平方米。	雨水侵蚀
6	桁架	桁架劈裂情况比较普遍，没有发现糟朽情况。没有屋面坍塌、漏雨严重等情况，但发现有局部渗水情况。	不当修缮
7	檩条	檩条劈裂情况比较普遍，檩条端部出现糟朽严重的情况。	不当修缮
8	屋檐板条天棚	屋檐板条天棚局部糟朽，约 5 平方米。	瓦件破碎漏雨造成
9	屋面	屋面脊瓦破损约 4 平方米，其余屋面由于望板糟朽、挡瓦条糟朽断裂，导致屋面瓦件脱落、破碎，屋面瓦件共计残损约 10%。	自然侵蚀、年久失修
10	遮檐板、博缝板、挡瓦条	挡瓦条、遮檐板、博缝板全部糟朽，长度均约为 9 米。	自然侵蚀、年久失修
11	油饰	所有装修油饰部分均已剥蚀严重，已失去对木构件保护功能。	自然侵蚀、年久失修

2号楼

序号	名称	残损位置、性质、程度	损坏原因
1	散水	经现场勘察，未发现该建筑有遗存散水痕迹，现室外地面雨后会滋生大面积苔藓，再加上未置散水，造成排水不畅，已对外部墙体造成残损。	人为改制
2	地面	一楼地面多半由于办公使用已铺设瓷砖，二楼室内为原状混凝土地面，情况较好；屋内杂物、家具四处堆集。	人为改制、使用损耗
3	墙体	一层前檐墙下部砖受潮酥碱、剥落，面积共约0.3平方米。	雨水侵蚀、自然侵蚀
		一层后檐墙下部砖受潮酥碱、剥落，面积共约0.1平方米。	雨水侵蚀、自然侵蚀
		墙体外立面全部被后人用白色涂料粉刷。	人为改制
		各房间由于年久失修及屋面漏雨，室内45%内墙皮出现剥落、酥碱粉化现象，导致内墙面污浊不堪。	年久失修、屋面漏雨、下部返潮
4	装修	一层北侧三间门被改为现代防盗门，其余均为原有样式木门；二层均为原有样式木门；前檐墙窗部分后人改为塑钢窗，后檐墙所有窗全部被后人改为断桥铝窗。原有样式门窗均有一定程度破损。	年久失修、人为改制
		二层走廊栏杆内外侧均由于雨水侵蚀酥碱、剥落，面积约5平方米。走廊栏杆下钢筋混凝土梁破损、剥落较为严重面积约0.3平方米。	雨水侵蚀
5	桁架	桁架劈裂情况比较普遍，没有发现糟朽情况，金属件均生锈。	不当修缮
6	檩条、望板	檩条均有不同程度裂缝，望板为后人铺设不规则木板。	不当修缮
7	屋檐板条天棚	屋檐板条天棚局部糟朽，约6平方米。	瓦件破碎漏雨造成
8	屋面	屋面脊瓦破损约3平方米，其余屋面由于望板糟朽、挡瓦条糟朽断裂，导致屋面瓦件脱落、破碎，屋面瓦件共计残损约12%。	自然侵蚀、年久失修
9	遮檐板、博缝板、挡瓦条	挡瓦条、遮檐板、博缝板全部糟朽，长度均约为7米。	自然侵蚀、年久失修
10	油饰	所有装修油饰部分均已剥蚀严重，已失去对木构件保护功能。	自然侵蚀、年久失修

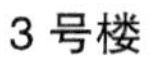

3 号楼

序号	名称	残损位置、性质、程度	损坏原因
1	散水	经现场勘察，未发现该建筑有遗存散水痕迹，现室外地面雨后会滋生大面积苔藓，再加上未置散水，造成排水不畅，已对外部墙体造成残损。	人为改制
2	地面	一层室内地面为原状混凝土地面，但是由于后人抬升院内地面，导致室内地面低于院内地面约 15 厘米；二楼室内地面为原状混凝土地面，情况较好；屋内杂物、家具四处堆集。	屋面漏雨、使用损耗
3	墙体	一层后檐墙下部砖受潮酥碱、剥落，面积共约 5.8 平方米。	雨水侵蚀、自然侵蚀
		后檐墙外立面被后人用白色涂料粉刷；前檐墙和两山墙外立面被后人改建为干黏石、水泥砂浆面层。	人为改制
		各房间由于年久失修及屋面漏雨，室内 30% 内墙皮出现剥落、酥碱粉化现象，导致内墙面污浊不堪。	年久失修、屋面漏雨、下部返潮
4	楼梯	踏步面层破损，扶手糟朽、裂缝。	年久失修、使用损耗
5	装修	门除一层北山墙后开门洞并用现代防盗门，前檐墙北门和中间门增设卷闸门，内为铁门，前檐墙南门为原有样式木门；窗部分后人改为塑钢窗，其余均为原有样式木窗。门窗均有一定程度破损。北侧两间后檐墙两扇窗户被人用红砖封堵。	年久失修、人为改制
6	桁架	桁架均有不同程度裂缝，无发现出现糟朽严重、屋面坍塌、漏雨严重等情况，但发现有局部渗水情况。	年久失修
7	檩条	檩条均有不同程度裂缝，檩条端部存在糟朽严重的情况，无发现屋面坍塌、漏雨严重等情况，但发现有局部渗水情况。	年久失修
8	屋檐板条天棚	屋檐板条天棚局部糟朽，约 6 平方米。	瓦件破碎漏雨造成
9	屋面	屋面脊瓦破损约 2 平方米，其余屋面由于望板糟朽、挡瓦条糟朽断裂，导致屋面瓦件脱落、破碎，屋面瓦件共计残损约 13%。	自然侵蚀、年久失修
10	遮檐板、博缝板、挡瓦条	挡瓦条、遮檐板、博缝板全部糟朽，长度均约为 8.5 米。	自然侵蚀、年久失修
11	油饰	所有装修油饰部分均已剥蚀严重，已失去对木构件保护功能。	自然侵蚀、年久失修

五、工程准备工作

河南省文物考古研究院 1 号楼、2 号楼、3 号楼营建于 20 世纪 50 年代，建成以后一直作为办公楼使用，建成 70 年来没有经历过大的修缮，年久失修导致屋面、梁架、墙体等多部位存在不同程度的残损。2021 年河南省文物考古研究院委托专业房屋质量检测团队对三座楼的质量安全情况进行了全面检测，经检测，房屋安全等级为 Csu 级，安全隐患较大，建议尽快进行维修。

2021 年 7 月，郑州经历了历史罕见的“7・20”特大暴雨灾害，主城区内涝严重，河南省文物考古研究院 1 号楼、2 号楼、3 号楼三座建筑也遭遇了暴雨侵袭，三座建筑一层均遭到雨水倒灌，室内积水深度达到 60 厘米，雨水浸泡导致墙皮脱落，墙砖酥碱，屋面部分瓦件因强降水冲击而松动、脱落，漏雨严重，部分木构架被雨水侵蚀，糟朽严重。本就亟待修缮的三座建筑遭到暴雨灾害的侵袭，生存状况更是雪上加霜。

2021 年 12 月，河南省文物考古研究院 1 号楼、2 号楼、3 号楼作为河南省文化局文物工作队旧址被河南省人民政府公布为河南省文物保护单位，三座建筑的文物价值得到了认可。

作为文物建筑，保证其安全性尤为重要，河南省文物考古研究院 1 号楼、2 号楼、3 号楼由于年久失修加上暴雨侵袭，文物的生存状况堪忧，建筑安全隐患大，完全无法满足保护展示、合理利用的需求，为了不使文物建筑的残损情况继续恶化，改变文物建筑破败的面貌，对其进行全面的、系统的保护性修缮刻不容缓。

2021 年初，河南省文物考古研究院根据河南省文化和旅游厅的相关要求，经过充分的开会讨论，确定要对 1 号楼、2 号楼、3 号楼三座文物建筑进行全面修缮。

2021 年 6 月 10 日，通过竞争性磋商的方式确定河南省文物建筑保护设计中心为工程勘察设计单位，勘察设计单位在详考历史有关资料、详勘文物建筑残损状况的基础上，制订了《河南省文物考古研究院 1 号楼、2 号楼、3 号楼修缮设计方案》。

2022 年 3 月 4 日，通过公开招标的方式确定河南省龙源古建园林技术开发公司为工程施工单位。

2022 年 3 月 16 日，通过竞争性谈判的方式确定河南安远文物保护工程有限公司为工程监理单位。

工程各单位确定后，建设单位河南省文物考古研究院向文物主管部门——河南省文物局文物资源管理利用处汇报了修缮工程准备情况，提交了《工程开工备案表》。2022 年 4 月 13 日完成开工备案。

第二章　施工管理

一、综合概述

（一）编制说明

该施工组织设计的编制是为了河南省龙源古建园林技术开发公司对河南省文物考古研究院1号楼、2号楼、3号楼修缮工程，在施工中的步骤而拟订的工程施工方案。根据考察的地理现场来确定施工程序组织安排施工流向、顺序、方法、劳动组织、技术组织措施、施工进度、水电能源等现场设施的布置规划，确保施工中的各种需求。根据这一方案的指向，我方对各建筑特点、地域风格特征等进行充分的分析及详细安排。

通过认真研究、分析施工图纸，编制了河南省文物考古研究院1号楼、2号楼、3号楼修缮工程的施工组织设计。本施工组织设计涵盖了施工图中本工程所包括的施工范围内的全部工程内容，并且着重从工程承包商的角度，阐述了对河南省文物考古研究院1号楼、2号楼、3号楼修缮工程的质量、工期、安全、文明施工，服务协调，特别是关于质量、工期等工作进行统一管理的设想，以期高质量、高效率地全面履行我方作为承包商的职责。

（二）编制依据

本工程依据相关程序和工程所涉及国家现行施工验收规范、质量标准、国家强制标准，依照国家建设工程和《古建筑修建工程质量检验评定标准》的有关规定，依据《中华人民共和国文物保护法》《中华人民共和国文物保护法实施细则》《中国文物古迹保护准则》《文物保护工程管理办法》《古建筑木结构维护与加固技术规范》同现状勘测报告与修缮保护工程设计文件、图纸、招标文件的内容以及国家、地方对施工现场管理的有关规定，作为贯彻指导施工管理全过程的指南。

采用的施工工艺及质量保证措施均符合国家规范及部颁标准，严格按照规范及操作规程进行编制，以确保工程质量与施工工期。

1. 国家法律、法规与规范性文件

《中华人民共和国文物保护法》

《中华人民共和国城乡规划法》

《中华人民共和国环境保护法》

《中国文物古迹保护准则》

《文物保护工程管理办法》

2. 地方法规与政府文件

《河南省实施〈中华人民共和国文物保护法〉办法》

《河南省文物建筑消防安全管理规定》

《关于加强和改善文物工作的通知》

《关于做好文物保护和利用工作的通知》

《河南省文物考古研究院 1 号楼、2 号楼、3 号楼修缮工程招标文件》

《河南省文物考古研究院 1 号楼、2 号楼、3 号楼修缮工程项目工程设计方案》及工程设计施工图纸等。

（三）编制修缮原则

确保文物建筑的结构性安全，同时要使文物建筑在修缮中保存更高的文物价值。

做到文物保护法的各项规定，施工中严格遵守“不改变文物原状”的原则，即按照原形制、原结构、原工艺、原材料进行修缮施工。

二、工程概况

本工程项目的基本信息如下。

工程名称：河南省文物考古研究院 1 号楼、2 号楼、3 号楼修缮工程项目

文物级别：省级文物保护单位

经费来源：自筹

建设单位：河南省文物考古研究院

设计单位：河南省文物建筑保护设计研究中心

监理单位：河南安远文物保护工程有限公司

施工单位：河南省龙源古建园林技术开发公司

工程投资：3860000元

开工日期：2022年3月30日

竣工日期：2022年8月15日

工期天数：140日历天

工程范围：河南省文物考古研究院1号楼、2号楼、3号楼三座文物建筑本体修缮。

工程开工前，施工单位履行了开工报审手续，监理单位对开工条件进行了审核，满足开工条件后同意施工单位开始施工。本工程于2022年3月30日开工，开工当天，建设单位组织监理单位、施工单位召开了第一次工地会议，会议强调了工程质量、安全、工期等事宜。工程开工以后，施工单位、监理单位首先根据设计方案和文物建筑实际情况进行了方案复核工作，对设计方案与现场情况存在的出入和疑问进行罗列，2022年4月8日，建设单位组织设计单位、监理单位、施工单位召开图纸会审和设计交底会议，对图纸中的问题进行解决，着重商讨了门窗修缮方案、墙体外立面修缮方案、室内地面修缮方案、室内吊顶修缮方案等问题。

工程实施过程中，施工单位按照梁架维修—屋面维修—墙体外立面维修—墙体加固—墙体内粉维修—室内地面维修—补做散水—门窗维修的施工步骤对三个文物建筑进行了全面修缮。

修缮内容和措施主要包括：

1. 因为三座文物建筑的屋面都存在瓦件脱落、局部漏雨、木基层糟朽严重等问题，因此，本次修缮根据设计方案对三座文物建筑的屋面都采取了揭顶维修的维修措施。拆卸屋面瓦件，下房分类码放，拆除糟朽严重的望板、遮檐板等木构件，对能够继续使用的木构件进行防腐处理，不能继续使用的木构件按照原形制重新补配制作，更换糟朽严重的望板、遮檐板、博缝板等木构件。三个文物建筑原防水层均已彻底风化、糟朽，本次修缮按照设计交底调整的方案重做自粘SBS（Styrene-Butadiene-Styrene）防水卷材两道。三个文物建筑原顺水条、挂瓦条均匀全部糟朽，不能够继续使用，本次修缮按照原形制重新制作、安装顺水条、挂瓦条。部分红机瓦存在破裂、遗失的情况，本次修缮补配残损红机瓦，重新挂瓦。

2. 本次修缮对梁架进行检修，三个建筑的桁架普遍存在干裂的情况，本次修缮对桁架裂缝进行粘接加固，没有更换梁架构件。部分檩条因雨水侵蚀存在糟朽严重的情况，本次修缮按照原形制重新制作檩条，更换糟朽严重的檩条，1 号楼更换檩条 19 根、2 号楼更换檩条 13 根、3 号楼更换檩条 16 根。

3. 三个建筑的墙体外立面均被后人用白色涂料、水泥砂浆进行了装饰，本次修缮根据设计交底意见清理掉了墙体外立面后人增加的涂料、水泥砂浆面层，恢复了文物建筑的原始面貌。墙根部位由于排水不畅等原因导致墙砖酥碱严重，本次修缮对酥碱青砖进行挖补维修。三个建筑的内墙面粉饰层由于年久失修、雨水浸泡等原因普遍存在空鼓、脱落的情况，本次修缮铲除残损的墙体内粉，水泥白灰砂浆重新粉刷内墙面。勘察阶段，设计单位委托有资质单位对三个建筑的墙体结构安全进行了检测，根据检测结果制订了墙体加固方案，本次修缮按照设计方案用钢筋网片水泥砂浆加固内墙面的方式对需要加固的墙体进行了加固维修。

4. 改善三座文物建筑存在的一层室内地面严重低于院内地面的问题，抬升一层室内地面、前廊标高，抬升至高于院内地面约 10 厘米，按照原地面做法用混凝土重新浇筑地面，水泥砂浆抹面。1 号楼二层木楼板保存较好，但是油漆起甲、脱落、磨损严重，本次修缮重做木地板油漆。

5. 三个文物建筑的门窗部分被后人改造为铁门、防盗门、塑钢窗，未被改造的木门窗也存在糟朽的情况，本次修缮拆除被后人改建的门窗，按照原形制恢复为木门、木窗。残损严重的木门、木窗，重新进行维修补配。

6. 三个文物建筑的散水均已遗失，本次修缮补做散水，开挖散水基础，三七灰土夯筑垫层，按照文物原做法用混凝土浇筑散水，面层用水泥砂浆抹面。

工程施工期间，建设单位、监理单位、施工单位通力协作，对工程质量、施工安全、工程进度等进行严格管理，按照文物保护原则和设计方案、工程量清单要求施工。工程质量方面严格把控，从进场材料质量、工序施工质量着手，严格执行报审报验制度，材料验收合格后方可使用，每道工序验收合格后方可进行下一道工序施工。同时，三方人员重视对施工安全的管理，对脚手架搭设、临时用电、施工人员个人防护用品、防雨防洪等方面进行严格管理。经过共同努力，本工程在工程质量、安全等方面没有出现重大问题。

2022年6月20日，建设单位、设计单位、监理单位、施工单位四方人员共同对工程进行了阶段性验收，质量合格。

施工期间，因郑州市疫情防控需要，本工程在2022年5月4日至17日暂停施工，停工13天。

2022年8月15日，工程全面完工，工期140日历天。

修缮工程完成后，2022年8月22日，建设单位组织设计单位、监理单位、施工单位人员进行了四方验评，对修缮工程质量全面检查验收，检查结果为质量合格。

2022年9月7日，河南省文物局资源处组织文物专家按照验收程序对本工程进行了初步验收，验收组对工程质量、档案资料等方面进行了全面检查，经过评定，验收组一致认为本工程为合格工程。

三、施工部署

（一）施工主体部署

因本项目为保护抢救修缮工程，存在一定的不可预见因素，因此我们将尽早着手主要材料的订购和加工工作。

总之，在施工过程中将以高度的责任感，根据施工情况随时调整施工方案，科学组织、周密布置，使用分级进度计划等控制手段，确保工程安全顺利地如期完成。

（二）施工工序

1. 依据设计文件，编制施工方案。

2. 施工人员进场前接受文物保护相关知识的培训。

3. 按文物保护工程的要求做好施工记录和施工统计文件，收集有关文物资料。

4. 进行质量自检，对工程的隐蔽部分必须与甲方单位、设计单位、监理单位共同检验并做好记录。

5. 提交竣工资料。

6. 按合同约定负责保修。

（三）施工准备

1. 技术准备

熟悉施工图，组织图纸会审，本工程将根据工程进度计划安排逐步编制主要分部分项工程施工方案，经监理审批后进行施工。

组织本工程拟采用的材料试验工作和传统技术的调研工作。

在遵守国家及文物部门质量标准的前提下，建立健全质量保证体系，编制创优措施。

施工之前项目技术负责人负责建立技术、质量工作责任制。

开工前，项目技术负责人组织学习设计图纸，按程序文件要求，填写《图纸自审记录》，在设计交底前组织内部的图纸会审会议。汇总图纸问题及实施过程中可能遇到的疑难问题，做好图纸会审记录。组织全体工程技术人员认真学习有关工艺标准、施工及验收规范。对于在本工程中所使用的技术、工艺、材料提前做好各项技术准备工作。

施工组织设计和施工方案编制要严格按照编制标准和审批程序执行，施工前要进行贯彻交底。施工组织设计是整个工程施工的指导性文件，施工中应严格按照施工组织设计的要求组织施工。

对于施工中能够采用的传统工艺和传统材料要优先采用，以期达到优质、高效和不改变修缮原则的良好效果，因此施工开始前要制订传统工艺和传统材料的使用计划，在技术与采购环节做好相应的准备。项目经理组织好各种材料设备的加工订货和进场准备工作。

制订施工试验计划，对工程中的各种材料、成品和半成品做好施工试验工作。做好计量器具、测量仪器配置工作。做好技术交底工作。对有关人员进行必要的专业培训和技术考核，特殊专业工种的施工人员必须持证上岗。

2. 现场准备

按照建筑总平面图和施工作业流水段划分的要求，考虑好施工顺序和材料进场堆放方案。

修建、完善施工现场隔离围挡、临时道路和临建设施；进场后按照施工平面图和甲方的要求设置围墙和暂设用房。对现场围挡出入口按企业行业设计要求进行修整。

同时做好暂设水电管线的敷设和排水设施的准备工作。

敷设施工临时用水、消防用水管路、临时用电线路。施工用电由甲方提供，现场设总电表一块。暂设主电缆根据现场和甲方的要求采用暗埋或架空，其他电线采用明线架设。施工用水使用甲方提供的水源，用水管将施工用水送到作业现场，按照消防要求和施工用水需要布置供水管线。

现场中的服务设备设施在施工前搬至甲方指定位置，待竣工后搬回原位置。

3. 物资准备

编制主要施工机械设备需用量计划。

根据施工资源计划要求，提前落实建筑材料、构配件的进场准备和加工订货工作。

4. 人员准备

按照投标所确定的项目经理部主要组成人员，建立健全组织机构。

根据施工阶段需要，提前做好劳动力数量和工种配备计划。

根据施工组织设计不同阶段劳动力需要，通过竞争考核、择优确定劳动力队伍。

5. 现场运输组织

工程处于郑州市龙海北三街9号，四周为工厂、企业和居民，现场施工用地比较紧张，需在附近临时搭建加工以及材料堆放场地，因此现场运输组织遵循以下原则：

在整个工程施工各阶段，生活区、半成品制作、试拼装工场等均安排设在施工现场外，材料、半成品随到随用，在现场进行二次加工。

现场内利用的运输线路有：现场内道路、施工现场门道、通道等，因此若按常规运输绝大部分无法使用机械运输，必须使用小推车或人工搬运。

建筑材料运输：指派专人在材料堆放处以及施工现场入口处看守，进门后运至施工现场（具体线路由甲方现场指定）。保证行人、车辆安全，尽可能减少对周围环境带来干扰和影响。

四、项目管理目标

（一）工期目标

按招标文件要求工期为180天。承诺工程有效工期为180天内完成全部工程。施工方接到中标通知书后按照要求与建设单位签订合同，并按合同约定开工日期准时开工。

（二）质量目标

分部、分项工程质量保证交验合格，单位工程质量交验合格，资料交付合格。全面满足现行施工质量验收规范和河南省建筑工程资料管理规程的要求。

（三）职业健康安全目标

杜绝死亡事故，确保不发生重大安全事故，轻伤频率小于1%。

（四）文明施工目标

按甲方和河南省及郑州市施工现场管理标准要求管理施工现场，达到河南省及郑州市样板工地标准要求。采取多种形式对职工进行入场前、入场中和入场后的文明施工教育，提高职工文明意识，树立单位形象。

五、施工技术方案施工及重点难点分析

（一）主要分项工程修缮的原则、具体方法及措施

1. 修缮原则

坚持科学规划、原状保护的原则：按照《中华人民共和国文物保护法》，对文物工作必须贯彻“保护为主，抢救第一，合理利用，加强管理”的方针。在修缮时遵循“整旧如旧”的理念，尽最大可能利用原有材料，保存原有构件，使用原有工艺，保存历史信息，保持文物建筑的特性，不改变文物原状。

安全为主的原则：保证修缮过程文物的安全和施工人员的安全同等重要，文物的生命与人的生命是同样不可再生的。坚持安全为主的原则，是文物修缮过程中的最低要求。

质量第一的原则：河南省文物考古研究院1号楼、2号楼、3号楼修缮工程的成功与否，关键是质量，在修缮过程中一定要加强质量意识与工程管理，从工程材料、修缮工艺、施工工序等方面都要符合国家有关质量标准与法规。

可逆性、可再处理性原则：在此次修缮过程中，坚持修缮过程的可逆性，保证修缮

后的可再处理性，尽量选择使用与原构相同、相近或兼容的材料，使用传统工艺技法保护修缮，为后人的研究、识别、处理、修缮留有更多的空间，提供更多的历史信息。

2. 脚手架工程

（1）脚手架工程搭设原则

横平竖直，整齐清晰，图形一致，平竖通顺，连接牢固。

落地脚手架的搭设准备工作：脚手架最下层立杆下，统长加垫板，以均匀地传递脚手架集中力。

首先脚手架的步高为 1.80 米，离底部 200 毫米处设一道扫地杆，以保持脚手架底部的整体性。

脚手架立杆应间隔交叉用不同长度的钢管搭设，将相邻的对接接头位于不同的高度上，使立柱受荷的薄弱截面错开。

每步脚手架设踢杆和扶手杆，侧面有竹笆和绿色密目安全网。

（2）脚手架的施工要点

脚手架两端，转角处以及水平向每隔 7 米应设剪刀撑，与地面的夹角应为 45 度～60 度。

脚手板层层满铺，绑扎牢固确保无探头板。

脚手架上堆放施工用料荷载不得超过 3KN/ ㎡。

脚手架里立杆应低于沿口底 50 厘米，外立杆高出沿口 1.5 米。

吊运机械严禁挂设在脚手架上使用，另立单独设置，吊运机械和索具要经过检查安全可靠的才允许使用。

当日班内未能结束的工作，结束后再下班，或者进行临时加固。

遇强风、雨等恶劣天气以及夜间，不安排进行脚手架的搭设施工。

外架搭设完毕，经工程管理有关人员验收合格后挂牌使用。使用中做好外架日常安全检查和维护工作，并做好安全记录台账。

外架拆除应按照明确的拆除程序进行。在拆除过程中，凡已松开连接的杆配件应及时拆除运走，避免误扶和误靠已松脱联结的杆件，拆下的杆配件应以安全的方式运出和吊下，严禁向下抛掷。在拆除过程中，应做好配合，协调动作，禁止单行拆除较重杆件等危险性作业。

3. 1 号楼维修措施

（1）散水：清理室外滋生的植被，考虑到该建筑因缺乏排水系统，已对建筑本体造成直接损害，散水式样及做法补配宽800毫米散水。散水做法：素土夯实，向外坡4%→150毫米厚三七灰土→60毫米厚C15厚混凝土，面上加5毫米厚1∶1水泥砂浆随打随抹光。

（2）地面：清理室内四处堆集垃圾，按照原形制、尺寸更换木地板；铲除原残损严重的室内水泥地面，重做室内地坪。地坪做法：素土夯实→60毫米或80毫米厚C15混凝土→素水泥浆结合层一遍→20毫米厚1∶2水泥砂浆抹面压光。

（3）墙体：清理各墙体砌体部分受潮酥碱、剥落的水泥缝，面积共约1.8平方米，用M7.5水泥砂浆重新勾缝。轻度酥碱的墙砖，继续使用；对酥碱深度大于30毫米的墙砖，用小铲或凿子将酥碱部分剔除干净，用砍磨加工后的砖块按原位、原形制镶嵌，用石灰砂浆粘贴牢固，用M5水泥砂浆勾缝。

（4）装修：参照建筑内遗存窗形制及式样重新补配。按照扶手原形制用水泥砂浆修补走廊扶手。

（5）上架：由于各房间均有吊顶，无法仔细检查，根据施工过程中实际情况，由设计人员现场制定修缮方法。按照原材质原尺寸进行修复，并做防腐处理，防腐采用生桐油刷2遍～3遍。

（6）屋面：此次挑顶维修，更换所有糟朽、断裂、已失去承载力的挡瓦条，更换全部遮檐板、博缝板，在继续保持原屋面做法的基础上，在望板上部增设护板灰及加厚油毡的做法，以满足其实际需要。施工时可先做局部改良试验，改良屋面做法：20毫米厚望板满铺→15毫米厚护板灰→3层油毡→20毫米×15毫米挡瓦条按瓦距铺设→红色机制瓦件，规格：420毫米×240毫米×25毫米。木构件全部做防腐处理，防腐采用生桐油刷2遍～3遍。

（7）油饰：对于已剥蚀的装修油饰构件重做保护性油饰处理。

4. 2号楼维修措施

（1）散水：清理室外滋生的植被，考虑到该建筑因缺乏排水系统，已对建筑本体造成直接损害，参照2号建筑遗存散水式样及做法补配宽800毫米散水，散水做法：素土夯实，向外坡4%→150毫米厚三七灰土→60毫米厚C15混凝土，面上加5毫米厚1∶1水泥砂浆随打随抹光。

（2）地面：清理室内四处堆集垃圾，按照原形制、尺寸更换木地板；铲除原残损严重的室内水泥地面，重做室内地坪。地坪做法：素土夯实→60毫米或80毫米厚

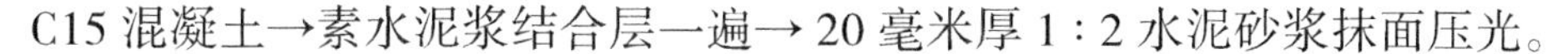

C15 混凝土→素水泥浆结合层一遍→ 20 毫米厚 1∶2 水泥砂浆抹面压光。

（3）墙体：清理各墙体砌体部分受潮酥碱、剥落的水泥缝，面积共约 1.8 毫米，用 M7.5 水泥砂浆重新勾缝。轻度酥碱的墙砖，继续使用；对酥碱深度大于 30 毫米的墙砖，用小铲或凿子将酥碱部分剔除干净，用砍磨加工后的砖块按原位、原形制镶嵌，用石灰砂浆粘贴牢固，用 M5 水泥砂浆勾缝。剔除出现剥落、酥碱粉化及污浊的内墙面，按原做法重做内墙面，做法：18 毫米厚 1∶3∶9 水泥石灰砂浆，分两次抹灰→ 2 厚麻刀（或纸筋）石灰面。

（4）装修：参照建筑内遗存窗形制及式样重新补配。按照扶手原形制用水泥砂浆修补走廊扶手。

（5）上架：当裂缝宽度小于 3 毫米时，可在木构件油饰或断白过程中，采用泥子勾抹严实；当裂缝宽度在 3 毫米～ 30 毫米时，可用木条嵌补，并采用改性结构胶粘剂粘牢；当裂缝宽度大于 30 毫米时，除采用木条以改性结构胶粘剂补严粘牢外，尚应当在梁的开裂段内加铁箍或纤维复合材箍（2～3）道。当开裂段较长时，宜适当增加箍的数量。木构件全部做防腐处理，防腐采用生桐油刷 2 遍～ 3 遍。

更换构件时，按照原材质原尺寸进行更换，并做防腐处理，防腐采用熟桐油刷 2 遍～ 3 遍。

（6）屋面：重筑屋面，参照遗存瓦件形制及规格补配脱落、破碎瓦件。因考虑到该建筑建造时处于特殊历史时期，物资及技术均较为匮乏，屋面做法较为简单粗糙，采用望板上直接铺设一层油毡的做法，这也是易导致屋面出现渗水、漏雨，进而致使木构件成片糟朽的主要原因之一，因此此次挑顶维修，在继续保持原屋面做法的基础上，在望板上部增设护板灰及加厚油毡的做法，以满足其实际需要。施工时可先做局部改良试验，并组织专家及设计人员进行现场论证后再确定下一部施工方向。改良屋面做法：20 毫米厚望板满铺→ 15 毫米厚护板灰→ 3 层油毡→ 20 毫米 ×15 毫米挡瓦条按瓦距铺设→红色机制瓦件，规格：420 毫米 ×240 毫米 ×25 毫米。

更换所有糟朽、断裂，已失去承载力的挡瓦条，更换全部遮檐板、博缝板，木构件全部做防腐处理，防腐采用生桐油刷 2 遍～ 3 遍。

（7）油饰：对于已剥蚀的装修油饰构件重做保护性油饰处理。

5. 3 号楼维修措施

（1）散水：清理室外滋生的植被，考虑到该建筑因缺乏排水系统，已对建筑本体造成直接损害，参照2号建筑遗存散水式样及做法补配宽800毫米散水。散水做法：素土夯实，向外坡4%→150毫米厚三七灰土→60毫米厚C15厚混凝土，面上加5毫米厚1∶1水泥砂浆随打随抹光。

（2）地面：清理室内四处堆集垃圾，按照原形制、尺寸更换木地板；铲除原残损严重的室内水泥地面，重做室内地坪。地坪做法：素土夯实→60毫米或80毫米厚C15混凝土→素水泥浆结合层一遍→20毫米厚1∶2水泥砂浆抹面压光。

（3）墙体：清理各墙体毛石砌体部分受潮酥碱、剥落的水泥缝，面积共约1.8平方米，用M7.5水泥砂浆重新勾缝。轻度酥碱的墙砖，继续使用；对酥碱深度大于30毫米的墙砖，用小铲或凿子将酥碱部分剔除干净，用砍磨加工后的砖块按原位、原形制镶嵌，用石灰砂浆粘贴牢固，用M5水泥砂浆勾缝。剔除出现剥落、酥碱粉化及污浊的内墙面，按原做法重做内墙面。做法：18毫米厚1∶3∶9水泥石灰砂浆，分两次抹灰→2毫米厚麻刀（或纸筋）石灰面。

（4）装修：参照建筑内遗存窗形制及式样重新补配。按照扶手原形制用水泥砂浆修补走廊扶手。

（5）上架：由于各房间均有吊顶，无法仔细检查，根据施工过程中实际情况，由设计人员现场制定修缮方法。按照原材质、原尺寸进行修复，并做防腐处理，防腐采用生桐油刷2遍～3遍。更换构件时，按照原材质原尺寸进行更换，并做防腐处理，防腐采用生桐油刷2遍～3遍。

（6）屋面：重筑屋面，参照遗存瓦件形制及规格补配脱落、破碎瓦件。因考虑到该建筑建造时处于特殊历史时期，物资及技术均较为匮乏，屋面做法较为简单粗糙，采用望板上直接铺设一层油毡的做法，这也是易导致屋面出现渗水、漏雨，进而致使木构件成片糟朽的主要原因之一，因此此次挑顶维修，在继续保持原屋面做法的基础上，在望板上部增设护板灰及加厚油毡的做法，以满足其实际需要。施工时可先做局部改良试验，并组织专家及设计人员进行现场论证后再确定下一部施工方向。改良屋面做法：20毫米厚望板满铺→15毫米厚护板灰→3层油毡→20毫米×15毫米挡瓦条按瓦距铺设→红色机制瓦件，规格：420毫米×240毫米×25毫米。

更换所有糟朽、断裂，已失去承载力的挡瓦条，更换全部遮檐板、博缝板，木构件全部做防腐处理，防腐采用生桐油刷2遍～3遍。

（7）油饰：对于已剥蚀的装修油饰构件重做保护性油饰处理。

6. 加固工程

现该建筑鉴定单元的安全性评级为 Csu 级；部分墙体受潮酥碱、剥落；走廊踏步破损扶手糟朽、裂缝；地面残损；屋面脊瓦破损，屋檐板条天棚、挡瓦条、遮檐板、博缝板局部糟朽，局部渗水，所有装修油饰部分剥蚀严重，已失去对木构件保护功能；室外滋生大面积苔藓，未置散水，造成排水不畅；部分门窗被改为现代门窗，建筑年久失修需对结构进行改造修缮加固。加固措施如下：

（1）挖沟槽土方

人工开挖沟槽。立面抹灰层拆除：原有墙体面层剔凿，人工剔凿，高压水冲刷。墙面一般抹灰：抹灰面层厚度 50 毫米，分层抹灰。拉结筋 C10@600，4C12 钢筋水平通长配筋加强带。钢筋网片 C6@200 双向。带形基础：支模，浇筑高强灌浆料 C40。梁钢筋锈蚀处理：局部凿去保护层，凿毛、洗净、漏出受力筋并除锈、刷界面剂，加焊钢筋，新增受力筋 2C14，后抹 M30 高强聚合物砂浆抹面，保护层厚度 30 毫米。满堂脚手架：加固前结构做支撑卸荷。外脚手架：梁加固。

（2）钢筋混凝土工程

在施工安装过程中，采取有效措施保证结构的稳定性，确保施工安全。

混凝土结构施工前对预留孔、预埋件、楼梯栏杆和阳台栏杆的位置与各专业图纸加以校对，并与设备及各工种应密切配合施工。

所有外露铁件均涂刷防锈底漆，面漆材料及颜色按建筑要求施工。

施工期间不超负荷堆放建材和施工垃圾，特别注意梁板上集中负荷时对结构受力和变形的不利影响。

7. 结构植筋技术要点

施工程序：打孔→清孔→钢筋处理→注胶→钢筋植入。

施工方法：

打孔：根据施工要求定位定孔径，打孔至要求深度。

清孔：打孔后用吹气筒吹净孔内粉尘，并用丙酮清洗。钢筋处理：植入的钢筋表面打磨出金属光泽，用丙酮擦净。

注胶：采用胶枪注入植筋胶。

钢筋植入：把配制的胶料注入孔内，插入钢筋，表面少许溢胶为宜。

施工要求：

打孔：孔径、孔深符合规定要求。

清孔：清孔重复进行直至孔内无粉尘、杂物、水渍。

钢筋处理：钢筋用钢刷打磨出金属光泽，用丙酮擦净，不应有污垢、油渍。

注胶：胶液从底部向上缓慢注入，避免内部孔洞。

钢筋植入：注入胶料充分，注入胶料后即插入钢筋。

质量检验方法：钢筋植入后胶料饱满有少许溢胶为宜，有空漏固化后再擦净后补胶。钢筋植入固化后进行拉拔试验，试验值按有关规定执行。胶料必须有产品合格证，技术指标必须符合要求。抗剪 >18MPa，抗拉 >20MPa。

8. 灌浆料增大截面技术要点

首先凿除构件表面的粉刷层或垫层至混凝土基层；对混凝土缺陷部位（混凝土疏松、破损）清理至坚实基层。混凝土存在裂缝按要求处理；钢筋锈蚀进行除锈和清洁。

将结合面处的混凝土按要求进行凿毛；被包的混凝土棱角要打掉。清除混凝土表面的油污、浮浆，并将灰全清理干净。

钢筋加工和绑扎，模板搭设要符合《混凝土结构工程施工质量验收规范》GB50204-2015 的要求。

灌浆料拌制和浇筑按产品说明施工。浇筑前对混凝土基面充分洒水浸润。拌制灌浆料时水的掺入量按产品说明要求。浇筑过程中保证气体能自由逸出保证浇筑密实。浇筑完成后采取适当的养护措施。

按《混凝主结构工程施工质量验收规范》GB50204-2015 的要求制作试块进行检验。

浇筑后的外观质量要符合《混凝土结构工程施工质量验收规范》GB50204-2015 的要求。

9. 钢筋网片水泥砂浆面层加固墙体施工要点

施工顺序：原墙面清底→钻孔并用水冲刷—待孔内干燥后安设锚筋（植入）→铺设钢筋网→浇水湿润墙面、抹灰→找平→墙面装饰。

原墙面碱蚀严重时，先清除松散部分，并用 1∶3 水泥砂浆抹面，已松动的勾缝砂浆剔除。

在墙面钻孔时，按设计要求先画线标出锚筋或穿墙筋的位置，并采用电钻在砖缝处打孔，穿墙孔直径宜比 S 形筋大 2 毫米；锚筋孔直径宜采用锚筋直径的 1.5 倍～2.5

倍，其孔深大于等于120毫米，锚筋采用胶粘剂灌注填实。

铺设钢筋网时，竖向钢筋靠墙面并采用钢筋头支起，钢筋网片与墙面的空隙宜大于等于10毫米，钢筋网外保护层厚度大于等于10毫米，钢筋网片采用点焊方格钢筋网。

抹水泥砂浆时，先在墙面刷水泥浆一道再分层抹灰，且每层厚度不应超过15毫米，面层浇水养护，防止阳光暴晒，冬季采取防冻措施。

加固施工要求：

所有加固的构件进行加固前，优先考虑将原结构构件除其自重外进行卸荷，如无法卸荷及时向设计人员报告，得到设计允许后方可施工。

在加固过程中若发现原结构构件有开裂腐蚀、锈蚀、老化以及与图纸不一致的情况，进行记录检查结构损坏的程度，向设计人员报告，得到设计人员同意后方可继续相关的加固修复工作。

加固中不得破坏原结构。

加固施工时，注意加固材料对施工环境和湿度的特殊要求。

加固施工时，注意加固材料存储和使用过程中的安全，并按产品说明的要求采取保障措施。

工程施工前完全理解整体加固的原则及其加固的需要，若部分结构拆除工作需先行加固，确保加固工作完成且加固构件达到设计强度，后方可进行相关的拆除工作，拆除采用静力切割，并做专项拆除方案，需报设计单位审核后方可施工。

在施工中做好对新旧混凝土浇筑界面的处理，凿毛、充分湿润、刷水泥素浆（或使用界面剂），保证连接面的质量及可靠性，新增混凝土与砖墙界面处凿除砖墙粉刷层、清理、浸润后施工。

（二）施工重点难点分析及解决方案

1. 重点难点之一：工程的不可预见性

文物修缮施工在拆换过程中的隐蔽工程将与设计文件有很大不同，因此不确定性将给该项目的施工组织造成困难。对此我们采取如下解决方案：

如遇不可预见情况不得擅自行事，须经设计、甲方、文物管理部门研究决定后，现场调整工序安排，方可进行施工。我们在进行施工部署和安排施工进度计划时也将充分考虑修缮工程的不可预见因素，发生重大变更时对施工部署和进度计划及时进行调整，确保本工程的工期和质量。

缩短定案程序，当发现修缮项目与设计不符时，技术负责人以最快捷的方式通知监理、甲方、设计，督促设计尽快到现场实地勘察，确定变更方案，同时为设计勘察定案提供便利。项目经理及时做出反应，调整施工部署，妥善安排工序，降低对工程的影响。

提高预见性的能力，项目经理、技术负责人和专业工长凭借多年的修缮经验，进场后对实物现状的勘察，对修缮部位应有预见性，因此，技术负责人和专业工长须在每一次修缮项目开始前，结合设计文件，对实物现状仔细勘察、记录、会诊，做出修缮变更预案，内容包括：如发生不可预见情况时的材料供应、人力、架子、机具等的调配调整，对工程的影响预测，施工部署调整最佳方案等。用积累的经验结合现代工程管理理论，为控制工期目标，减少工期延误提供帮助。

缩短材料供应周期，材料主管根据修缮变更预案，提前掌握市场材料信息，做好如发生修缮变更时的材料供应预案，内容包括：需用材料品种、规格、大约用量、应急供应渠道、最短供货时间等。

调整施工部署，项目部遇发生不可预见性情况时，根据修缮变更预案中施工部署的调整方案，迅速调整施工作业部署，督促变更项目各项工作的落实，委派相关专业的工长负责变更项目施工的展开，采取奖励措施加快变更项目的施工进度。

做好后勤保障，修缮项目发生变更后，可能带来诸多变化，如：人力、架木、材料、机具、临时用电、运输等，项目部各职能部门要通力协作，做好后勤保障工作，体现出项目部的团队精神。

2. 重点难点之二：文明施工和环境保护

1 号楼、2 号楼紧邻城市道路和居民区，过往行人较多，因此文明施工和环境保护将是本工程的难点。

为了保护和改善生活环境与生态环境，防止由于建筑施工造成环境污染和扰民，维护甲方的利益，保障建筑工地施工人员的身体健康，提升单位品牌形象，必须做好建筑施工现场的环境管理工作。施工现场的环境管理是文明施工的具体体现，也是施工现场管理达标考评的一项重要指标，所以依照《中华人民共和国环境保护法》，采取有效的管理措施做好这项工作。对此我们采取如下解决方案：

建立环境保护组织机构。

进行本工程环境影响因素识别。

制定环境管理目标。

确定环境保护执行标准。

制定场容管理措施。

制定施工人员文明行为管理措施。

制定控制扬尘污染措施。

制定防治水污染措施。

制定防治施工噪声污染措施。

制定防治固体废物污染措施。

制定施工现场办公区、生活区环境卫生。

制定各工种有关措施。

制定场内材料运输管理措施。

3. 重点难点之三：关键工序的施工

本修缮工程中有关瓦、木、油各工种的工序均为关键工序，都直接影响着本工程的质量，我们在本施组中根据施工图纸确定的修缮范围对有关瓦、木、油各工种的工序工艺过程进行了详细的阐述，并在施工中制定了质量保证体系，确保各分部分项工程的质量。

4. 重点难点之四：关键工序的技术要求

对结构复杂，需要重点修缮的项目，要绘制构件拆除编号草图和构建登记表，分层登记编号，以便检修、码放、补配、安装。

施工过程中，认真做好施工日志，对施工期间的新发现、新问题进行照相记录，最终建立施工维修档案。

修缮时，既要注意对文物的保护，又要注意新的问题。既循序渐进，又有条不紊，尤其注意对艺术构件的保护。

在对原有构件进行仔细检查后，再确定其加固和修缮方法。或对原有构件加固，或剔补，或复制，最终不留下后患。

新构件必须与原制在材种、工艺等方面一致，尤其是细部等，做到统一规整，符合原则。

文物古建筑是由许多构件组合而成，保护和修缮古建筑必须保护各种构件。更换过多（尤其是大木构件）建筑便会减少原有的历史信息，并降低其应有的历史价值。为此，应最大限度地减少构件的更换，确实无法继续使用者，照原样复制，并将换下的构件妥善保管。

5. 重点难点之五：施工过程中的文物保护

文物古建筑修缮是为了对古建筑进行保护，但在施工时过度修缮或操作不当会造成文物的“保护性破坏”，丢失掉古建筑所承载的历史文化信息。对此我们采取如下解决方案：

（1）施工时坚决遵守有关法律法规

《国际古迹保护与修复宪章》

《中华人民共和国文物保护法》

《中国文物古迹保护准则》

《文物保护工程管理办法》

（2）制定修缮原则

“不改变文物原状”的原则

可识别性、可逆性原则

尊重传统、保持地方风格的原则

（3）制定文物保护措施

制定文物保护措施时将责任落实到人，采取有效的技术措施、组织措施、经济措施。本施工组织设计中制定了详细的文物保护措施。

6. 文物保护组织管理措施

项目经理部明确各个岗位的职责和权限，建立并保持一套工作程序，对所有参与工作的人员进行相应的培训。

工地设专门文保员，建立以项目经理为首的文物保护小组。会同甲方、监理和文物部门对文物进行定期检查、确认，并做记录。负责现场的日常文物保护管理工作，并且有完备的文字记录，记录当日工作情况、发现的问题以及处理结果等。

开工前会同文物部门划定保护范围，划定重点保护区和一般保护区，对所有参建成员工进行交底。

在工地显著位置安置好文物部门设立的标志，标志中说明文物性质，重要性，保护范围，保护措施，以及保护人员姓名。

建立文物保护科学的记录档案。包括文字资料：做好对现状的精确描述，对保护情况和发生的问题做好详细的记录。测绘图纸：做好对文物现状的测绘，地理位置，平面图，保护范围图等各部位的尺寸关系。照片：包括文物的全景照片，各部位特写，需要重点保护部位的照片。

保护措施上报审批制度。每个具体的文物保护措施都要在得到文物部门和建设方的批准后才可以实施。

每周召开一次施工现场文物保护专题会，根据前一周的文物保护情况及施工部位、特点布置下一周的文物工作要点。

文保员每日对现场进行巡回检查，并向项目经理汇报检查结果。

进场后立即会同甲方和文物部门，共同核查施工区及附近的树木、遗址、古建筑、纪念物、道路、草坪，明确保护项目范围，由文保员做好记录，开工前按遗址文物进行拍照、编号、测绘。做好标识和交底，分别制定保护措施。

对所有进场职工进行文物意识的教育和培训考核，使每个职工弄清文物的文物价值和保护方法。

7. 其他部位的保护

修缮前，对原有建筑采取必要的保护措施，如支搭防护棚，对棱角部位和易受损坏的部位、构件等加设防护装置。

墙身、地面、台基在挖补、拆除、归安、添配时，要根据具体情况采取相应的施工方法，剔凿墙身或地面茬口时要小心仔细，尽可能减少对原墙或地面旧砖的碰损。

大木构件更换、添配、制作时，按原工艺制作、选用与原木构件相同的材质，榫卯制作必须按原构件的做法、尺寸一致，不许擅加改变。

所有拆卸的瓦、脊件由专业工长负责派专人清点、码放、保管，挂牌标明使用的建筑、名称、位置等有关记录。

六、施工现场平面布置

（一）现场条件

经现场勘察，现场四周可以转通，基本满足施工条件，现场施工道路畅通。

（二）施工现场平面布置

1. 现场道路设置

施工场地内的运输道路，尽量利用原有的路面并采取保护措施，我们将服从甲方方的时间、路线安排，现场内路面做好排水坡度或排水沟的布置。

2. 现场材料堆放、机具设置

本工程在建筑物场地内进行瓦木材料的二次加工；在场地内合理布置材料堆放和加工场地。材料成堆堆放，沙石成方，木料砖瓦件成堆，并进行标示，本着“安全第一、服务甲方、方便施工、环境保护、文明作业”的原则，现场合理安排材料堆放场、机械设备位置，并根据施工各阶段的需求和甲方的要求进行现场的动态布置；施工现场内按照消防要求设置消防器材和消火栓，满足消防要求。

3. 现场临时建筑

工程管理人员办公室、料具库房等布置，工人宿舍在现场外解决。所有办公及宿舍用房均采用简易活动房减少材料运输及环境污染，在现场（甲方指定的地方）设办公用房、材料库和工具房，严格禁止烟火，并配备足够的消防、灭火器材。

（三）临时用水方案（包括消防）

根据现场实际情况，现场施工用水均由甲方指定的水源提供（加装计量装置）。施工用水主要满足三个方面的要求：满足消防用水；满足施工用水；满足生活即降尘用水。

为了满足消防用水的需要，利用现场附近的消防栓，配置水龙带，将水引致施工各个地点；施工用水的需要，根据本工程的特点，在甲方提供的水源处，将水送到各个施工用水点。现场内依据建筑位置和场地条件，布置临时供水管线。

（四）临时用电方案

1. 临时用电设计

考虑到瓦屋面及各种材料加工安装施工阶段用电量比装修阶段用电量大，因此临时用电以上述阶段为主。

2. 电源选择

根据计算，需甲方提供 110kVA 电源可满足施工需要。

3. 现场配线

施工现场用电采用“三相四线制”三级配电二级保护，现场动力电路及生活照明电路采用架空线路或依墙敷设，部分通向施工机具及设备的采用电缆埋地敷设。

施工现场设一总用电闸箱，各施工用电点设开关箱，为保证施工停电的情况下，能够连接进行施工，施工现场设置一台120千瓦的备用发电机，保证施工用电。

（五）施工现场平面布置

工程施工现场，设置办公室、警卫室、库房、材料堆放场地和材料临时周转场地，设置活动卫生间，设施围挡，施工现场设置相关机械设备（详见附件工程施工平面布置图）。

七、文物保护措施

施工现场一砖一瓦、一草一木均具有历史、艺术、科学、文物价值，根据本工程的特殊地理位置、建设方和社会要求，依据《中华人民共和国文物保护法》，确保文物本身及成品安全保证措施。

（一）文物保护组织制度

1. 文物保护组织管理

工地设专职文保员，建立以项目经理为首的文物保护小组。会同甲方、监理和相关部门对文物进行定期检查、确认，并做记录。

专门文保员负责现场的日常文物保护管理工作，并且有完备的文字记录，记录当日工作情况、发现的问题以及处理结果等。

施工现场严格按照设计图纸指定的红线进行圈定，所有的施工活动必须在施工场地范围进行。

项目经理部明确各个岗位的职责和权限，建立并保持一套工作程序，对所有参与工作的人员进行相应的培训。

会同甲方、监理和相关部门划定保护范围，划定重点保护区和一般保护区，对所有参施员工进行交底。

在工地显著位置安置好文物部门设立的标志，标志中说明文物性质，重要性，保护范围，保护措施，以及保护人员姓名。

建立文物保护科学的记录档案。包括文字资料：做好对现状的精确描述，对保护情况和发生的问题做好详细的记录。测绘图纸：做好对文物现状的测绘，地理位置，平面图，保护范围等各部位的尺寸关系。照片：包括文物的全景照片，各部位特写，需要重点保护部位的照片。

2. 文物保护工作制度

员工入场教育制度。对每一个进入现场的员工要进行文物的历史渊源、价值、文物保护规章制度的专门教育，考核合格后方可上岗。

保护措施上报审批制度。每个具体的文物保护措施都要在得到文物部门和建设方的批准才可以实施。

每周召开一次施工现场文物保护专题会，根据前一周的文物保护情况及施工部位、特点布置下一周的文物工作要点。

文保员每日对现场进行巡回检查，并向项目经理汇报检查结果。

在拆除地面砖和墙面砖及挑顶等施工中如遇有原建筑物中埋藏的文物时，必须保护好现场，并及时通知甲方和有关部门共同取出，并办好有关手续。

所有施工人员签订《施工文物保护协议书》建立奖罚制度，对不遵守文物保护规定，破坏文物要处以 50 至 100 元罚款，并停工再次接受教育培训，情节严重的要处以更高的罚款，直至除名，对保护文物有突出表现的要适当给予奖励。

（二）文物保护内容及措施

1. 施工文物保护的内容

现存古建筑，文物、树木等。

对原有遗址要不损坏一砖一瓦，保护原址不偏不倚。

保护周围环境原貌，不动一草一木。

实行动态管理，文物保护意识贯穿施工始终。

2. 保护管理措施

对进入现场的施工人员进行严格审查，审查合格的人员，每日上下班现场实行检查制度。

进场后立即会同甲方和有关部门，明确保护项目范围，由文保员做好记录，开工前按遗址文物进行拍照、编号、测绘。做好标识和交底，分别制定保护措施。

对所有进场职工进行文物意识的教育和培训考核，使每个职工弄清文物的文物价值和保护方法。

做好全封闭硬质围挡，不得随意进出施工现场，现场施工人员未经项目经理允许不得随意越出指定的施工现场区域。

木结构一律在现场外制作并试拼装，现场安装，降低噪声、粉尘污染。

渣土排运出场必须做好苫盖，经文保员检查，严禁在院内路面遗洒。

落实现场排水（污）的过滤措施，工地排水出口设泥沙沉淀池，避免泥浆、污物对文物的污染。

对场内需要保留的树木要做好记录和编号做好可靠的围挡。

脚手架在支设、拆除和搬运时，必须轻拿轻放，上下、左右有防护、有人传递。

3. 文物保护具体措施

室外地面确定不拆除部位先加以保护，使用塑料布（或旧地毯）对其裸露部分进行覆盖。具体方法是：

清扫干净后干铺一层塑料布（或上盖旧地毯）。

塑料编织布满铺脚手板。

遇运输道路时搭设施工脚手架立杆下脚，通常垫脚手板一层；防止脚手架立杆将地面戳坏。

4. 临时构件和材料堆放地面

地面覆盖塑料编织布上满铺脚手板。脚手板上铺设铁板或将材料放置半截筒内然后置于脚手板上。

5. 内外檐架子

内外檐全部施工架子，所有架子立杆不准与地面直接接触，均铺垫脚手板一层。排木、打戗、长结实一律不准与建筑物相连，架子的稳定性要靠架子的戗杆解决，形成几何不变体系。二层檐下油活架子站立杆时瓦面上要采用相应的措施，如铺麻袋布，架杆均不准与瓦面直接接触。屋面捅持杆架子调脊，采用相同方法。

6. 防止气候影响的保护措施

该工程在常温下施工充分备齐遮挡苫盖的物质材料，进行大木立架打牮拨正、木基层和屋面苫背施工时，不论晴天与阴天，每天下班之前拆除面和施工作业面一律用布盖好，并有专人负责覆盖和检查，以防止天气的变化。

7. 外檐油漆部分

凡是容易受到风雨侵害的，均备彩条编织布进行立面遮挡，彩条编织布上下固定均不准用钉子钉在椽子望上，只允许在架子上固定。本工程作业一律在常温下施工，木构件未完成的作业面无人施工时要一律覆盖。

8. 防火防盗保护措施

本工程修缮防火工作极为重要，防火措施列为重点工作内容。

对于本工程的材料要进行妥善保存保管，尤其是建筑拆下来的旧材料，施工中列为文物保存范围任何个人无权私自动用及收藏，对于不遵守制度忽视文物法律的任何行为工地有权扭送或起诉到有关部门，对其违法行为进行制裁，本工程设置专职安全消防保卫人员。

（三）文物保护技术措施

1. 在工地设一名专业水平较高的技术人员，负责文物原状的资料收集工作。

2. 具体工作内容包括：采用摄像、照相、文字记录和实测大样图的方法，真实完整地记录各部位的构件尺寸、形式特征、工艺特点、材料做法等内容，为对所要修缮的部位，修缮前仔细进行测量，做详细的文字记录，对测量过程进行摄像或照相，然后根据记录资料绘制图纸，作为修缮复原的技术依据，待工程竣工后留下完整真实的技术资料存档，以备专家、学者将来研究考证。

3. 具体内容包括：细部尺寸列表记录，工艺做法文字记录，附于测绘图后，同时以照配片，录像测量过程，最后汇总转录成光盘存档。

（四）成品保护组织机构

为确保工程按期完工，做好工程成品保护工作意义重大。依据成品保护细则的规定，在现场设专人负责成品、半成品的保护工作。

1. 工地成立成品保护领导小组，由专人负责、全面负责组织实施工地的成品保护工作。

2. 现场成品保护人员要坚守岗位，履行职责，出现问题要分析原因，追查责任。

3. 定期进行检查做好施工现场监督检查工作，每月初、月中和月末对成品保护工作进行一次检查，对存在的问题及时解决，并做好文字记录和存档工作。

4. 各工种注意与其他专业工种的协调配合，安排好施工顺序，防止各专业间的破坏或因丢失造成的损失。搬运材料时，要有具体的防护措施，不得将已做好的地面，弄脏或破坏。

5. 贵重设备或易坏物品设专库存放。搬运及安装时要防止磕碰。

6. 对有意违反成品保护措施或故意损坏安装好成品的行为，要进行严厉处罚。

（五）成品保护工作目标

1. 木门窗进场后放在防潮处妥善保存，码放时要垫平，靠放时要放正，防止变形。

2. 木门框在小推车车轴高度包薄钢板或胶皮保护，防止撞坏。

3. 装饰用外架子严禁以门窗为固定点和拉节点，拆架子时注意关上所有的外檐窗。

4. 做地面时对地漏，出水口等加临时堵头，防止砂浆进入地漏等处造成堵塞。

5. 每一道工序完成后，下道工序进入前要进行交接，做好记录，上道工序的成品被污染和破坏由破坏者承担经济责任。

6. 装修后期每层设专人看管，无关人员不许进入。

（六）成品保护工作布置

1. 技术交底必须强调对已完工序成品保护的具体措施和要求，分项、分部工程交验时同时检查成品、半成品保护执行结果，项目部在修缮施工开始前，制定出具体的成品保护奖罚制度，并设专人检查监督。

2. 施工中对各工序的每道成品均要进行保护，设专人负责管理。看管人员必须加强责任心。现场实行责任制分工，明确责任，确保成品保护工作的落实。

3. 在架子搭设、拆除时，架子工必须对相邻的周边文物保留设施和已完成的修缮成品进行护挡设防，搭设、拆除架子过程中，要轻拿轻放，随搭拆随撑牢支戗，并由架子工工长统一指挥协调；立杆下必须垫板，禁止抛扔扣件。

4. 脚手管、扣件、脚手板倒运时，不得抛扔，尽可能不在保留的地面上存放，如必须存放在保留的地面上时，应衬垫防火草帘和木板。

5. 建筑修缮完成后，在竣工验收前，项目部必须派专人看护，未经项目部人员批准，任何人员不得进入已完工的建筑或区域，项目部专职安全员负责成品保护的管理检查工作。

（七）施工过程成品保护

1. 件成品保护措施

木构件成品进入场地后，必须将材料放置在通风良好，防雨防潮的地方并设专人管理。

2. 交工前成品保护措施

为确保工程质量美观，项目施工管理班子应在装饰安装各建筑完成后，专门组织人员负责成品质量保护，值班巡查进行成品保护工作。

成品保护值班人员，按项目领导指定的保护区范围进行值班保护工作。

对于原材料、制成品工序产品，最终产品的特殊保护方法应由方案编制者在施工方案中予以明确。

当修改成品保护措施，或成品保护不当需整改时，由专人制定作业指导书交成品保护负责人执行。

八、工期保证措施

本工程施工进度计划是在经过科学准确地计算工程量和所需工力的基础上，充分考虑冬雨季季节影响、施工工艺技术间歇、各工种的交叉配合以及施工期间的人力、物力、资金等各种资源平衡的因素经过精心编制而成。整个工程各单位工程进度计划采用横道图来表示，各施工段的进度计划用网络图来表示，可以具体优化其各工序的安排。

（一）工期目标

按招标文件要求工期为 180 日历天。承诺本工程有效工期为 180 日历天内完成全部工程。在接到中标通知书后立即开工。

（二）工期按期完成保证措施

为实现进度目标，进度计划随着项目进程和变化也需不断地进行调整，为确保实现总工期目标，采取有针对性的进度计划保证措施。

1. 优化工序组织

将针对本工程特点，组织调配一批具有综合性工程施工组织经验的工程技术人员参与本工程的施工组织协调管理工作，充分利用现场的空间和时间，组织协调参与施工各专业的立体交叉施工。以计划为龙头，采用计算机管理，对现场各施工段、各作业面、各工种的施工进展、质量、安全、文明施工和立体交叉作业的情况进行全面的监控，在古建最佳施工季节内最大限度地交叉安排施工工序。并根据分部工程的修缮内容和特点划分流水段，各流水段之间尽可能采取平行施工的管理部署，并结合古建修缮特点，采取灵活的流水施工组织形式，以确保工期。

强化各分项、各工序、工种的交叉立体作业，室外工程与室内工程同期立体交叉作业；墙体挖补、拆砌、找补抹灰与地仗找补、新做除尘等均可同期交叉进行。

必要时及时调整流水施工段的界限，按工序、工种进行流水；并根据工作面的大小和工程量的多少及时调配技术力量和人力，确保按施工部署要求的工期完成各分部工程。

项目部技术负责人和各专业工长，紧密配合，科学协调各工种、工序的衔接，每天例会由项目经理、技术负责人对各施工段、各工种的施工进度、工序衔接进行协调。

2. 选择信誉好、素质高的劳务施工队伍

施工队伍的素质是保证施工进度和质量的关键因素，项目部选择了长期合作，具有多年古建修缮施工经验和素养，拥有众多文物修缮操作上岗证的队伍，从队伍管理到工人素质具有较高水平，合同履约能力强、信誉好的劳务队伍进行施工。保证施工队伍的素质，确保工程按计划进行。

3. 采用先进适用的施工机具

优选施工设备，设备在运行中加强维护和保养，确保设备的完好率。为施工工期提供保障。根据本工程修缮特点，修缮项目所在园内的位置和施工环境要求，随着工程的展开，必须添配适合古建筑维修的多种轻型和手提电动工具，以提高工效，加快施工进度。

4. 加强现场管理

加强现场调度指挥，精心组织施工，紧密流水，有序预控；职能管理超前运作，高效服务，发挥保障作用；加强现场协调，与建设、设计、监理等单位搞好工作关系，

施工过程中遇到问题及时解决，提高驾驭工程的能力，确保工程顺利进行。

5. 材料供应保障

及早组织备运开工初期所需的各种材料进场，周密组织好采购，加工订货，及时供应，做好随实际施工进度调整材料供应的工作，避免因材料问题造成窝工或停工。材料负责人必须参加工程例会及时调整材料供应计划。

6. 做好工程不可预见情况的调整

文物修缮工程易出现不可预见情况，往往改变修缮工程做法，增加工程量，更是影响工期目标的重要因素。为确保总工期提前，在保证质量、遵循文物古建筑修缮规律的原则下，采取适当措施，降低对工期的影响。

缩短定案程序，当发现修缮项目与设计不符时，技术负责人以最快捷的方式通知监理、甲方、设计，督促设计尽快到现场实地勘察，确定变更方案，同时为设计勘察定案提供便利。项目经理及时做出反应，调整施工部署，妥善安排工序，降低对工程的影响。

提高预见性的能力，项目经理、技术负责人和专业工长凭借多年的修缮经验，进场后对实物现状的勘察，对修缮部位应有预见性，因此，技术负责人和专业工长须在每一次修缮项目开始前，结合设计文件，对实物现状仔细勘察、记录、会诊，做出修缮变更预案，内容包括：如发生不可预见情况时的材料供应、人力、架子、机具等的调配调整，对工程的影响预测，施工部署调整最佳方案等。用积累的经验结合现代工程管理理论，为控制工期目标，减少工期延误提供帮助。

缩短材料供应周期，材料主管根据修缮变更预案，提前掌握市场材料信息，做好如发生修缮变更时的材料供应预案，内容包括：需用材料品种、规格、大约用量、应急供应渠道、最短供货时间等。

调整施工部署，项目部遇发生不可预见性情况时，根据修缮变更预案中施工部署的调整方案，迅速调整施工作业部署，督促变更项目各项工作的落实，委派相关专业的工长负责变更项目施工的展开，采取奖励措施加快变更项目的施工进度。

做好后勤保障，修缮项目发生变更后，可能带来诸多变化，如：人力、架木、材料、机具、临时用电、运输等，项目部各职能部门要通力协作，做好后勤保障工作，体现出项目部的团队精神。

7. 降低传统工艺对工期的影响

古建筑传统工艺受季节影响大，除木作影响较小外，石、瓦各作均受冬季低温影响无法进行现场施工。瓦、石作只能进行预制加工。除受季节影响外，地仗传统工艺施工周期长，也是制约目标工期的因素。工程技术负责人要从合理安排分部工程科学组织施工入手，解决传统工艺对工期目标的影响。

合理组织施工，充分利用本工程三个“最佳”施工季节，优先安排屋面、墙体、地面、石作、地仗、油饰各分部工程的施工；冬季多安排拆除工程，大木修缮，木装修整修、添配，石活加工，墙身、地面用砖的加工。以此原则组织施工，但不可教条，可根据施工总部署进行调整。

为传统工艺创造条件，分部工程除受季节影响外，施工周期较长，尤其地仗施工。项目部要创造条件，安排充裕时间来完成地仗、油饰工程。可以在进度计划安排中向地仗工程倾斜，进行工期调整时，不压缩地仗工程。

九、提高工程质量、保证工期进度、安全及降低造价的合理化建议

根据多年的施工实践、经验和体会，为提高工程质量、保证工期进度、降低造价、安全管理，建议在施工中：

1. 除提高队伍自身素质外，要从加强对工、料、机、方法、环境五大因素的管理入手和用新技术结合新工艺是保证质量的关键，同时为保证分项工程的质量。

2. 开工前应编制更具体的又切实可行的施工组织方案。严格按照网络计划和形象进度进行科学合理的管理和控制，增加先进的设备投入，能够按时拨给施工方设备和材料款项。

3. 为了降低成本，在施工过程中严格地运用科学合理的、先进的网络计划组织施工，就能有效地减少误工损失。严格运用计量设备控制材料配比，下料前应科学合理地进行计算。

4. 安全管理：本工程的安全管理目标为杜绝死亡及重大伤亡事故，创“安全文明工地”，项目要认真遵守国家的有关安全管理规定，有针对性地制定本工程安全管理措施。

十、施工准备及施工机具、材料、劳动力配备计划

为确保在进场后能充分地与前期工程衔接，必须进行必要的前期准备工作，以求整体性、连续性良好。

（一）施工现场准备

中标后，在收到中标通知书后5天内派有关人员进驻施工现场，进行现场交接的准备，其重点是对各控制点、控制线、标高等进行复核，对现场的“三通一平”进行调整准备，以使整个现场能符合布置原则及要求，这些工作拟在材料进场前全部完成。

（二）技术准备

自进场之日立即着手技术准备，一方面使有关人员能仔细阅读施工图纸，了解设计意图及相关细节，另一方面开展有关图纸会审，技术交底等技术准备工作，同时根据施工需要编制更为详尽的施工作业指导书，以使从工程开始就受控于技术管理，从而确保工程质量。

（三）机具准备

进场后，一些小型机具将按进场计划分批进场，并使所有进场设备均处于最佳的运转状态。

（四）材料准备

施工方根据材料样单，及时提供木材、水泥等材料用量，报送甲方备案，并落实有关其他材料供应商报甲方审批，同时进行由我方组织的采购工作，及时组织前期的周转材料进场，以确保顺利施工。

十一、质量管理体系与措施

质量管理是工程管理的重点，本工程要求确保合格工程。要从质量保证体系和质

量保证措施方面入手达到质量目标的实现。

（一）质量保证体系

1. 质量保证体系文件

按照IS0900-0标准、建筑安装工程施工验收规范及操作规程、建筑安装工程质量检验评定标准、施工图纸及相关工程文件和本企业《质量／职业健康安全／环境保护管理手册》，实现目标管理，过程控制，保证工程施工、服务整个过程符合规范标准和合同要求。

2. 质量目标

按招标文件要求，确保实现本工程质量目标。

3. 建立健全质量保证体系

成立质量控制小组，由单位领导策划，项目经理部具体实施。

质量职责：根据质量保证体系，建立岗位责任制和质量监督目标管理责任制，明确分工职责，落实施工质量责任，各岗位各司其职。

质量保证管理程序：以自己卓有成效的努力，提供给甲方最合格的产品，不断地提高工作质量和服务质量，更好地完成对甲方的质量承诺。

4. 管理人员岗位责任制

（1）项目经理

项目经理受法人委托负责本工程全面工作，贯彻、执行国家有关部门颁发的法律、法规，在本工程的生产、技术、安全、文明施工、质量等方面直接对单位法人负责。

按甲方要求安排本工程季、月生产计划，监督执行生产计划落实情况，根据工程计划进度安排，调整和协调生产计划措施，保证季、月生产计划按目标实现。

协调各工种交叉作业，保证总进度计划关键部位的实施。

建立健全本项目的质量保证体系，履行施工合同，保证质量体系的正常运行。

组织项目部定期召开工程例会，检查会议所定事项的执行情况和纠偏改正措施。参加监理例会，监督、执行例会所确定事项的实施。

负责协调施工过程中周围环境单位的关系，做好与各相关单位的协调工作。

（2）项目技术负责人

在本项目中受项目经理领导，负责本工程项目的技术、质量工作，领导工程技术管理人员完成本工程的质检、计量、材料试验、测量、工程技术资料收集整理等工作，实现本工程的质量目标。

组织本工程管理人员进行图纸会审和参加设计交底，组织技术人员编制本工程的施工组织计划、质量计划、作业指导书，并组织实施。

本工程的特殊过程，要预先组织、督促有关人员做好“人员、设备、过程能力”三鉴定，指定专人进行连续监控，并保存过程记录。

严格把好传统工艺质量关，教育施工人员加强文物保护意识，严格贯彻执行“文物保护工程管理办法”。

负责审查加工、订货单中的质量保证资料内容，把好加工订货质量关。

负责施工过程中的技术洽商和做法变更落实，并将洽商记录及时送到有关人员和部门。

（3）项目材料负责人

在项目部受项目经理领导，执行相关质量保证体系文件关于材料管理和《材料管理办法》，全面负责本工程的物资、机具的管理工作。负责按批量进行材料的试验检测工种，并将检验报告归入施工档案。检查、核实本工程材料供应计划和材料入账统计工作，每月督促、检查材料成本，每月向项目经理部报告材料使用的基本情况。

负责本项目部对外加工订货工作，签订外加工合同，确保其数量准确，质量合格，按计划要求按日期进场。大宗材料供应商必须是确认的合格供货商名单之列，对其供货能力进行实地综合考察，备案后签订供货合同。

负责本项目部的材料管理工作。

负责检查本工程库房材料管理工作。

（4）项目质量检查员职责

在项目部技术负责人领导下，按施工图纸、施工规范、设计变更、施工组织设计的要求，纠正违章操作，做出产品质量合格或不合格的初评判定结论，对不合格工序发出通知单，并对纠正措施进行检查复验，做好复验记录。

参加在施工工程的全部隐检、预检项目的检查、验证、评定工作，监督有关人员做好工序状态标识。

负责在施工过程的工序标识（主要难点质量记录）并进行检查监督。

负责分项质量检查的核定工作，对存在的问题及时处理，并责令有关工种进行整改。

参加项目部组织的竣工自检，单位组织的内部竣工预验和文物建筑工程质量管理部门的合验。对各级验收检查所提出的质量问题，编制整改方案，督促责任者限期整改。

收集、保管好单位工程、专业工程的质量检验记录、不合格品“返修通知单”等原始资料，为产品可追溯性提供依据。

及时向单位技术质监科报告“质量事故”，参加事故的调查和分析，并监督事故处置方案的实施。

（5）项目资料员职责

在本工程中受技术负责人领导，对现场技术性文件和资料进行控制管理。

根据建筑安装工程资料管理规程及古建技术资料要求，负责本项目部所发生的资料一检查、分类、整理、汇总工作。

负责本工程的计量工作，负责管理测量、计量器具及台账。

负责收集、整理、保存文明施工检查记录。

（6）项目各专业工长职责

在本工程中受项目经理领导，在施工过程中，认真执行标准、规范和施工组织设计的有关规定，实现所承担项目的质量目标。

掌握施工图和相关图纸内容，及时掌握技术变更和作业变更内容，参加图纸会审和设计交底。参与施工组织设计（方案）的编制与调整及其他项目措施的管理，贯彻执行施工组织设计方案。

熟悉施工图纸，掌握施工工艺，同时向施工队下达施工任务书及进行书面技术、质量和安全交底。

施工过程中随时检查工程质量，对关键工序、部位、特殊过程编制专业作业指导书，亲临施工部位进行监督、指导，并做好施工记录。

严格执行计量、材料试验、检验制度，对不合格产品，坚决返工，并对已造成损失的工程项目做定量记录，分析原因编制整改方案报技术负责人审批，并严格执行批准后的方案，监督执行。

负责填写本工程隐、预检记录表，由专职质检员检查合格后，报送监理单位合格后再进行下道工序施工，负责组织施工班组进行自检、交接检，及时验收所有的分项工程项目，填写质量验评表。

负责本专业加工订货提料单、材料计划、安排本专业作业计划书的编制工作，给施工队核计工程量，下达施工任务书。

（7）项目安全文明施工员职责

在项目经理的领导下，负责项目部安全、文明施工的检查、监督工作，严格执行施工组织设计中安全、文明施工措施。

每天巡视工地的安全工作，发现安全隐患及时通知工长进行整改，对工地中不按操作规定的行为加以制止，对严重违章者及不听劝阻者给予经济处罚，监督、检查、整改隐患，并做记录。

工地发生安全事故，参与事故的调查，分析事故的原因，在12小时内写出事故的报告，报与单位有关部门。并参与事故的善后处理工作。

做好每天安全检查记录，建立安全台账。

检查施工范围内的文明施工责任区是否符合要求，对不按要求的施工班组要求限期整改，对不听劝阻的行为给予处罚。

记录每天文明施工情况，填写文明施工内业资料，建立文明施工档案。

（8）计划、统计、预算员岗位职责

在项目经理的领导下，负责本项目部工程的生产计划、统计书的编制工作。按项目部要求的时间完成计划、统计报量工作。

负责本工程的测算工作，将详细数据提供给领导，以保证测算工作的准确性。

根据修缮工程的特点，开工之前编制工程施工预算，施工当中核实实际工程量，做好实际工程量清单的一记录和报审工程，工程竣工后完成本工程结算书的编制。

（9）试验员岗位责任制

在本工程中受技术负责人领导，熟悉施工图纸，根据工程量做出试验计划。

根据建筑安装工程资料管理规程及古建技术资料要求进行试验，记录原始数据和结果，并得出试验结论和统计。

负责收集、整理、保存施工检查记录。

（二）质量保证措施

要求以“管理程序化、制度标准化”来保证质量目标的实现。管理程序化：就是严格按照单位程序文件规范化施工，避免个人思维和随意性给项目造成不利因素，把经验式管理转化为规范管理，把随意性决策转化为程序化管理；对过程控制中促进作用的制度一定要不折不扣地执行，形成制度。各分项工程层层交底、层层落实、记录完整，对每一重要分项工程都编制管理流程，以过程控制为主线进行施工管理。

1. 组织措施

根据质量保证体系组织机构图和质量控制工作流程图，实行项目经理责任制，落实施工质量管理的组织机构和人员，明确各层施工质量管理人员的任务和职能分配、权利和责任根据修缮工程特点，在设计技术交底后、开工前，针对具体修缮内容，对每一院落的单位工程都要制订质量目标计划，并细化至每一分部、分项工程。

项目部质量管理人员认真履行质量管理体系中制定的管理人员岗位责任制，完成施工质量自控制度。坚持三项原则，即：坚持实事求是原则；坚持系统、全面、统一协调的原则；坚持职务、责任、权限、利益相一致的原则。明确职责分工，落实质量控制责任，通过定期和不定期以及专项检查，对发现的质量问题改进纠偏。并根据质员计划对每个部门每个岗位实行定性、定量的目标考核，奖优罚劣。

质量管理以人为本，管理人员的质量意识影响修缮的质量结果，为此，根据本次修缮工程的特点，如将选派素质高、质量意识强的项目经理、专业工长、质检员等相关管理人员，单位也将加大质量管理力度，协助项目部完成质量目标。

2. 管理人员质量责任职责

（1）项目经理质量职责

贯彻实施单位质量方针及本项目质量体系目标，全面控制质量体系的运行，负责主控管理职责要素。批准本项目质量体系的建立，根据运行状况，批准改进措施。贯彻执行质量方面的法规和政策，负责重大质量决策。

履行单位对建设单位的承包合同，执行质量方针，全面贯彻单位质量体系文件，实现工程质量目标和安全生产，对本项目的工程质量及项目质量目标的完成负责。

负责工程项目的日常管理工作，主持工程项目工作会议，实施项目工程质量管理，主持编制项目工程进度计划，保证均衡生产，对过程管理负全责。

负责主持施工组织设计和项目质量计划的编制。

决定项目经理部各类人员的质量职责、职权，组织制定并执行施工质量奖罚办法。

负责组织落实有关纠正和预防措施，认真执行各项质量管理制度和质量控制程序，严格按程序规定操作。

督促检查各部门人员、操作人员做好生产过程中的各种原始记录，保证资料的完整性、准确性和可追溯性。

参与工程及劳务分包方的选择。

负责主持工程竣工自验工作。

主持物资需用计划和设备需用计划的编制和审核工作。

（2）技术负责人质量职责

全面负责本项目技术质量工作，主持技术部日常工作。参与制定、贯彻项目质量目标，并协助项目经理组织实施质量体系。负责紧急放行、例外转序的审批。接受项目经理指派的其他工作任务。

对本项目的工程质量及项目质量指标的完成和安全生产负技术责任。

实施单位质量方针，协助项目部经理全面贯彻质量体系文件，实现项目质量目标。

贯彻执行国家各级技术标准，对项目的技术、质量、试验工作负全责。

组织编制施工组织设计及项目质量计划，按规定组织工序交接检。

主持技术会议，研究处理施工中的技术疑难问题。安排技术文件资料的分配、签发、保管及日常工作。

负责加工订货计划的审核。

负责组织研究、审定提高工程质量的技术措施，积累技术经验，向单位反馈有关质量信息。组织项目部科研技革工作，推广应用新技术。

负责组织图纸会审，参加设计交底，组织编制施工组织设计。

负责组织办理技术洽商。

协助项目部经理做好竣工验收的准备工作。

（3）技术部质量职责

在技术负责人的领导下，负责本项目的技术质量工作。

负责文件和资料的控制，产品标识可追溯性、检验和试验及其状态，不合格品的控制纠正和预防措施、质量记录的控制、内部质量审核、培训及统计技术等要素的管理。

（4）质检员质量职责

执行国家及上级颁发的质量检验标准、质量法规、施工规范及有关质量工种管理制度。

及时完成分项工程质量检验及等级评定工作，参加分部工程、单位工程的质量检验工作，及时做好隐检、预检项目验收。负责样板分项工程的验收。

监督进场物资检验和试验工作，监督检验状态标识的实施。

及时向工程部质量处如实报告质量状况及质量事故。

监督项目质量计划的实施。

负责对不合格品的控制、纠正和预防措施、检验和试验及其状态等要素进行监督及预防措施落实情况。

组织项目部质检组内部人员工作安排，以确保质检工作及时到位。

代表本组参加监理、甲方等方面的相关工作会议，并进行必需的信息沟通。

完成领导交办的其他工作，做好本职工作记录。

（5）测量员质量职责

负责建筑物的定位、测量、抄平等工作。

负责对检验、测量和试验设备控制要素进行管理，对所用测量设备定期检查、保养并做记录。

接受技术组主管指派的其他工作任务。

（6）资料员质量职责

负责收集、整理所承建项目的施工技术资料。

负责审核、汇总、整理各分包单位编制的全部施工技术资料。

协助项目部技术负责人，审核原材料试验和施工试验的委托单及试验报告，对试验结论为不合格的物资或施工项目，须立即向项目部技术负责人报告。

上报单位竣工预验之前，负责对全部竣工资料进行自查、自验、装订、组卷，并按期报送上级预验、核验。

竣工核验工作结束后，负责对全部资料按要求移交建设单位和单位档案部门。

负责项目部质量运行记录的分类、汇总和保管。

负责项目部文件收发及管理。

（7）生产组质量职责

负责本项目施工过程控制。

保证生产安全、文明施工，实施成品保护措施。

负责对竣工交付使用后的服务和回访等工作。

（8）生产组主管质量职责

指导本部门日常工作，保持质量体系在本部门的有效运转。

负责对过程控制、服务等要素进行管理。

接受项目经理指派的其他工作。

（9）安全员质量职责

负责本项目的计划及统计工作。成品保护工种。

接受生产组主管指派的其他工作任务。

（10）工长质量职责

执行国家、河南省有关法规、规范、规程、标准，执行项目质量目标，完成质量体系中规定的各项相关工作任务，并对主管工程项目的施工质量和安全生产负直接管理责任。

按照项目部施工进度安排，平衡协调各作业组之间衔接，对班组实施监督、检查、指导的职责。配合有关部门，项目经理、技术负责人做好施工准备工作，做好本专业施工图纸的会审工作，发现问题及时同工地技术负责人等有关方面沟通信息。

坚持协助材料人员对设备、材料、成品、半成品进行验收制度，保证材料设备的进场质量负责协同材料人员，完成进场物资的质量检验、产品标识等工作。

负责组织主管工程的质量自检工作，并按规定填写有关质量检验评定。负责技术、质量、安全、消防书面交底的编制及组织实施；负责执行质量计划，保证施工过程符合图纸、规范、规程要求，工程质量达到国家标准要求。

负责按施工进度和施工预算提供材料需用计划，水电专业工长负责编制水电加工订货计划，并负责监督料具的使用。

发生因工伤亡及未遂事故要保护现场，立即上报。执行项目质量目标，完成质量体系文件中规定的各项相关工作任务，并对主管工程项目的施工质量和安全生产负直接管理责任。

认真执行上级有关安全生产规定，对所管辖班组（特别是外包队伍的安全负直接领导责任）。

常检查所管辖班组（包括外包队）作业环境及各种设备、设施的安全状况，发现问题及时纠正解决。对重点、特殊部位施工，必须检查作业人员及各种设备技术状况是否符合安全要求，严格执行安全技术交底，落实安全技术措施，并监督其执行，做

到不违章指挥。

对分管工程项目应用的新材料、新工艺、新技术严格执行申报，发现问题及时停止使用，并上报有关部门和领导。

（11）预算合同组质量职责

在部门主管的领导下，负责此项目的投标报价工作。

负责本项目因工程洽商、设计变更等造成的造价增减量的核算。

负责对合同评审要素进行管理。

（12）预算合同组主管质量职责

指导本部的日常工作，保护质量体系在本部门的有效运转。

合理分工，协调、监督下属人员的工作。

接受项目经理指派的其他工作任务。

（13）预算员质量职责

负责本项目投标文件的编制、洽商及工程结算工作。

接受预算合同组主管指派的其他工作任务。

（14）材料组部门质量职责

负责本项目物资供应及后勤保障工作。

保证本项目所需物资的质量。

负责对采购、提供产品控制、进货检验和试验、搬运贮存、包装等要素进行管理。

（15）材料组组长质量职责

指导本部门日常工作，保持质量体系在本部门的有效运转。

合理分工，协调、监督下属人员的工作。

接受项目经理指派的其他工作任务。

（16）材料员质量职责

负责本项目所需物资的采购、检验、贮存、发放及报关工作。

接受及材料组主管指派的其他工作任务。

（17）行政人员质量职责

负责现场管理人员的办公用品、生活用品的发放、管理。

负责劳务分成承包的管理。

负责考勤及工人的招聘工作，办理有关用工手续。

（18）试验员职责

负责对送试的材料严格按照有关材料取样标准及规范规定，根据试验交底进行取样、制作、送检标识工作，对试样的代表性、真实性负责，做到不漏试。

在技术负责人的指导下，认真填写试验委托单，填写要齐全、清楚、准确，并及时索取试验报告证明材料，发现问题及时向技术负责人汇报。

各种试验要分类建立台账，认真做好记录。

按规定做好见证取样和送检工作。

负责试块的养护管理工作；负责对配备的试验设备保养工作。

负责施工现场标养室的测温及管理工作。

配合材料员及时填写《物资进场通知单》。

3. 检验和试验计划

施工前，根据工程特点及进度计划，编制详细的检验及试验计划，确保所有需要检验及试验的项目均按照有关要求进行检验。开工前由项目部技术负责人根据工程实际组织试验员、技术组人员提前编制好试验计划，并由试验员实施，技术组负责监督。施工前技术员必须提前向试验员进行交底或提出申请，使试验人员做到“自中有数”，试验员要负责对进场材料的抽样、送检、报验工作，认真填写并收集试验报告，严格按规范取样并及时送检。此外，试验员还要认真建立好试验台账，保证资料齐全、交圈，及时做好资料的报送工作，并随时向工长、技术组、技术负责人反馈试验结果提供的信息，发现问题及时整改。

4. 管理措施

（1）合同签订后进登记。采购物资时，须在确定合格的分供方厂家或有信誉的商店，所采购的材料或设备必须有出厂合格证、材质证明和使用说明书，对材料、设备有疑问的可禁止进货。

（2）单位资产管理部委托分供方供货，事先必须对分供方进行认可和评价，建立合格的分供方档案，材料的供应应在合格的分供方中选择：实行动态管理，单位资产管理部、单位工程部和项目经理部等主管部门定期对分供方的业绩进行评审、考核，并做记录，不合格的分供方从档案中予以除名。

（3）加强计量检测

采购物资（包括分供方采购的物资），根据国家、地方政府主管部门现定的标准、规范或合同规定要求及按经批准的质量计划要求抽样检验和试验，并做好记录。当对其质量有怀疑时，加倍抽样或全数检验。

（4）实行质量挂牌制，做好工序标识，宣传样板，保证质量问题的责任人，操作时间，发生原因等问题的追溯性。

（5）持样板开路制度，每个分项工程开工前，均应请技术水平高、责任心强的工人师傅。样板间、样板活，请有关部门观摩样板活确认后，再进行大面积施工。

（6）开展自检互检、交接检，群众性的质量活动，使每个操作工人、管理人员认识到自己在质量管理体系中的位置，形成人人讲质量，日日讲质量，事事讲质量的良好风气和气氛，问题消灭在班组中，消灭在萌芽状态，本工序的质量问题不解决，绝不进入下一道工序。

（7）施工技术资料管理

施工资料是整个工程施工的记录，同时又能有效地指导施工，项目部配备有资质、水平高的资料员，做到与施工生产同步、及时、准确、条理规范整理施工资料，同时必须落实资料质量职能责任制（如下表）。

岗位	工种分配	责任人
资料员	收集、整理、编目、审核、收发	技术负责人
专业工长	本专业交底、预检、隐检、质检	技术负责人
试验员	原材料、施工试验、取试样、试验单	技术负责人
技术员	洽商、图纸、施组、竣工图	技术负责人
材料员	原材料、构建合格证	技术负责人
质检员	隐、预、质检、验收记录、评定、签字	技术负责人

5. 施工质量记录和档案资料管理

项目部实行技术负责人负责制，项目部设专职资料管理员，并持证上岗。所有施工图纸的变更，以洽商记录为准，并经建设单位、监理单位确认签字，由项目部组织执行。项目部技术负责人接到设计变更后，及时通知有关施工管理人员，并在施工图纸上按要求标注变更内容。

工程质量记录和档案资料做到一开工就建立齐全的资料分册，由专职资料员及时汇总和分类整理，各分项资料分解责任到人，保证施工技术资料与施工和质量检查同步，使资料达到真实、齐全、有效，符合要求。

单位技术质监科对项目部质量记录和档案资料进行不定期抽查指导，并定期一个月审核资料一次，以保证技术资料一次验收合格。

试验材料计划表

序号	试验材料	试验项目内容
1	砖	抗压、冻融循环
2	瓦	抗压、抗折、冻融循环
3	结构木材	含水率
4	装修木材	含水率
5	灰土	干密度

（1）施工过程控制保证

及时做好隐预检和分部分项工程的质量评定、验收。

对要求做隐检、验收的项目，项目部要有计划地安排好及时会同甲方、监理、设计、质监站做隐蔽验收，同时会签验收记录。（缺签字的单子，资料员拒收）对已完的分部分项工程要及时做好质量评定，对基础、结构工程必须统筹安排时间，会同参建各方及质监站验收（未经验收决不允许进入下道工序）并会签记录。验收情况要及时向班组传达、讲评。

坚持质量检查和奖评制度，实行质检巡查、工地日检制度。对检查中发现的问题必须及时责令返工，填写质量问题通知单，发至班组并要回执。对一责令返工的事项迟迟不动或受到甲方、监理、监督站、设计院批评，要求整改的责任人坚决罚款，并监督返工，并审核其技术资质直至调离技术岗位。

见证取样，工程开工前应确定本工程试验的试验室，并与甲方签订合同确定见证取样试验的试验室，见证人、取样人，报监督站备案。

材料和设备保证，材料、设备质量，由专业工长、材料员、质检员、试验员负责做好材料的采购、质检和试验，根据材料类别，合格证、复试单必须及时到位，材料员负责提供原材料合格证（规范、清晰、抄件必须加盖原件所在单位红章并有抄件人签字）负责验货并通知试验员取样检测。不合格的原材料、设备不得进入现场，已经进入现场的要做好标识，防止误用，同时尽快通知厂家退货。

加强成品保护，做好工序标识工作，在施工过程中对易受污染、破坏的成品、半成品均有效标识，如："正在施工，注意保护"等。采取有效的护、包、盖、封等措施对成品和半成品进行保护，并设专人经常检查巡视，发现有保护措施被损坏的及时恢复。工序交接全部采用书面形式签字认可。由下道工序作业人员和成品保护负责人同时签字确认，并保存工序交接书面材料，下道工序作业人员对防止成品的污染、损坏或丢失负直接责任，成品保护专人对成品保护负监督、检查责任。

（2）劳务素质保证措施

劳务队伍素质的高低是影响工程质量目标的关键，为此，在本工程施工队伍的选择上，采用公开招标，以公平竞争的原则，严格审查施工队伍施工质量综合能力，通过考核的方式，选出素质高、信誉好、经文物局培训持有瓦、木、油上岗证且有丰富的施工经验的队伍，确保工程的工期、质量和安全。

本工程拟选择成建制的、具有一定资质、信誉好且长期合作的施工队伍做劳务分包，同时运用我方内部对施工队伍完整的管理和考核办法，对施工队伍进行质量、工期、信誉和服务等方面的考核，从根本上保证项目所需劳动力的素质，从而为工程质量目标奠定坚实的基础。

（3）建立质量保证制度

质量责任制，建立项目质量责任制，使责、权、利相互统一。把工程质量和个人经济效益相挂钩。管理人员所负责的施工项目达不到质量要求的，扣发本人奖金或工资。操作者所施工的产品达不到质量要求的扣发本人工资，并承担返工和修理的一切费用。使每个职工意识到，工程质量是企业的生命。只有创造出合格的工程质量，才能提高企业的竞争力，才能提高企业的经济效益，个人的经济利益才可以得到保障和提高。

质量分析例会制，保证每周召开一次质量分析例会。由项目技术负责人牵头，对本周的工程施工质量进行一次全面的总结和评比。总结经验，找出不足，及时做出相应的调整方案。

质量否决制，坚持工程质量一票否决制，施工现场质量检查员对工程质量提出的问题必须进行认真整改，未经质检员验收合格，不得进行下道工序的施工。

单项工程样板制，一般工序施工前，必须先做样板，经过有关方面验收合格后，方可进行大面积施工。

质量验收三检制，任何一道工序都必须坚持自检、互检、专检，并办理相应的验收文字手续。否则不得进行下道工序的施工。

方案先行制，各个施工项目在施工前必须要有针对性的施工方案和技术交底。以使得操作人员能够了解施工任务，掌握操作方法，明确质量标准。

质量工作标准化制，在整体工程施工期间，要求有一套规范标准的质量保证工作程序，做到每个工作有标准，工作方法按程序。

（4）施工过程控制

检查：施工过程中严格实行隐、预检制度，每分项工程完成后，技术负责人、质检员自检合格后，填写报验单约请监理到现场进行检查，合格后方可进行下道工序。推行个人自检，班组内互检，专职质检员抽检，专业工长和专职质检共同初验，项目部组织内部验收的质量控制体系。

纠偏：施工过程中出现质量问题及时纠正，找出影响质量的原因，认真进行分析，总结出可行的改正措施，制订出质量预控方案和改进计划。

改进：学习先进、科学合理的施工经验，充实到施工中，贯彻改进措施，落实改进计划，加强施工过程的质量预控，以便更好地完成施工。

（三）技术保证措施

1. 专业施工管理保证

要求专业施工单位具备精干的施工作业人员和先进的施工作业技术，具有强大的施工作业保障。重要房间或部位制定施工工序流程，将木作、瓦作、石作、油漆彩画等专业工序协调好，排出每一个栋号的工序流程表，各专业工序均按此流程进行施工，严禁违反施工程序。

2. 专业施工技术保证

（1）狠抓各分项工程的质量控制点

根据该工程的施工内容，对目标计划中的几个分部工程进行特殊过程控制：大木整修、加固、墙面剔补打点、屋面、木装修、地面、砖砌体、石构件的防风化处理。

依据以上分部工程，在工程施工前，应由项目技术负责人依据古建筑施工标准、规程，编制分项施工控制措施，并同参与管理和操作的人员进行技术交底，并按以下几方面进行全程控制。

（2）做好各个分项工程的质量交底

针对各工序、工种、对操作班组做深入细致的交底，做好图纸交底、图纸分解，理解自己所承担的工序的设计意图、技术要求、工艺标准。针对各分项工程，进行工艺交底，与老师傅、古建名师共同研讨，结合国家相关工艺标准，向工人做好工艺交底。针对各分部分项工程对各操作班组进行质量交底，使每个参建职工了解所从事工作的国家有关的质量标准要求，心中有数，干有目标。

（3）经济管理措施

保证资金投入，是确保施工质量、安全和施工资源正常供应的前提。同时为了更进一步搞好工程质量，引进激励机制，建立奖罚制度、样板制度，对施工质量优秀的班组管理人员给予一定的经济奖励，以激励他们的工作，遵循始终把质量放在首位的原则。

制定绩效考核办法，用科学的方法检查评估项目部成员的工作完成质量，确定其工作业绩，对业绩突出者予以表彰。

根据绩效给项目部成员以物质奖励和精神奖励，调动其工作的积极性、主动性和创造性，提高工作效率。反之，导致损失要接受处罚。在质量问题上必须做到有奖有罚。

项目部根据自身权限制定具体的奖罚规章，明确经济奖罚数额，适当拉开档次，加大质量管理力度。

十二、安全管理体系、安全目标及保证安全措施

（一）安全生产保障体系

1. 实行项目经理安全生产责任制

贯彻执行《中华人民共和国安全生产法》和《建设工程安全生产管理条例》及“安全第一，预防为主”安全生产管理方针。严格执行行业有关建筑安全方面的制度，实行项目经理安全生产责任制。

对整个工程项目的安全生产负全面领导责任；

贯彻执行劳动保护和安全生产的政策、法令、规章制度，结合项目工程特点及施

工过程的情况，制定本项目各项安全生产管理办法，并监督实施；

健全和完善用工管理手续，录用外包队必须及时向有关部门申报，严格用工制度与管理，适时组织上岗安全教育，要对外联队职工的健康与安全负责，加强劳动保护工作。

组织落实施工组织设计中安全技术措施，监督项目工程施工中安全技术交底制度和设备、设施验收制度的实施。

领导、组织施工现场定期的安全生产检查，发现施工生产中不安全问题，组织制定措施，及时解决。对上级提出的安全生产与管理方面的问题，要定时、定人、定措施予以解决。

发生事故，要做好现场保护与抢救工作，及时上报，组织、配合事故调查，认真制定防范措施，吸取事故教训。

2. 项目技术负责人安全职责

组织编制施工组织设计、施工方案、技术措施时，要制定有针对性的安全技术措施，并随时检查、监督、落实。

项目工程应用新材料、新技术、新工艺，要及时上报，经批准后方可实施。同时要组织上岗人员的安全技术培训、教育认真执行相应的安全技术措施与安全操作工艺、要求，预防施工中因化学物品引起的火灾、中毒或新工艺实施中可能造成的事故。

主持安全防护设施和设备的验收发现异常情况应及时采取措施，严禁不符合标准的防护设备、设施投入使用。

参加安全生产检查，对施工中存在的不安全因素，从技术方面提出整改意见。

参加、配合因工伤亡及重大未遂事故的调查，从技术上分析事故原因，提出防范措施、意见。

3. 安全员职责

认真贯彻执行安全生产方针、政策、法规及国家、行业、地方、企业等有关安全生产的各项规定，用规范化、标准化、制度化的科学管理方法，协助项目领导搞好安全施工，创建文明安全工地。

做好安全生产宣传教育工作，总结交流推广安全先进经验。

深入施工现场各作业环境，按规定认真监督检查，掌握安全生产状况，纠正违章作业，消除不安全因素，如实填写日检表或记载所发现、处理的不安全问题。

检查发现的不安全问题除当即指令改正外，还要下书面整改通知，限期改正。

对违章作业除立即制止外，情节严重的要处以罚款，对安全状况差的队伍，提出处罚意见并送领导研究处理。

发现重大险情或严重违章，必须令其停工，迅速撤离危险区，并立即报告有关领导处理后方可复工。

做好项目工程安全管理基础资料的收集，归档成册。

与分包、劳务作业队安全员共同开展安全检查、监督工作，严格执法。

发生工伤或未遂事故要立即上报，保护现场，配合事故调查，督促落实预防措施。

4. 工长安全职责

认真执行安全技术措施及安全操作规程，针对生产任务特点，向班组进行书面安全技术交底，履行签认手续，并对规程、措施、交底要求执行情况经常检查，随时纠正违章作业。

经常检查所管辖班组作业环境及各种设备、设施的安全状况，发现问题及时处理。严格执行安全技术交底，落实安全技术措施，做到不违章指挥，接受安全部门的监督检查，及时安排消除不安全因素。

定期组织所辖班组学习安全操作规程，开展安全教育活动。

对工程应用的新材料、新工艺、新技术严格执行申报、审批制度，发现问题，及时停止使用，并上报有关部门或领导。

5. 劳务作业队负责人安全职责

认真执行安全生产的各项法规、规定、规章制度及安全操作规程。

按制度严格履行各项劳务用工手续，做好本队人员的岗位安全教育，经常组织学习安全操作规程，监督本队人员遵守劳动、安全纪律，做到不违章指挥，制止违章作业。

必须保持本队人员的相对稳定，人员变更，须事先向有关部门申报，批准后新来人员应按规定办理各种手续并经入场和上岗安全教育后方准上岗。

班前应针对当天任务、作业环境等情况同各工种进行详细的书面安全交底，施工过程中监督其执行情况，发现问题，及时纠正、解决。

定期组织检查本队人员作业现场安全生产状况，发生工伤事故时应保护好现场、做好伤者抢救工作，并立即上报有关领导。

6. 施工现场班组长安全职责

认真执行安全交底，合理安排班组人员工作，对本班组人员的生产、安全和健康负责，有权拒绝违章指挥。

经常组织班组人员学习安全操作规程，监督班组人员正确使用个人劳保用品，不断提高自保能力。

班前要对所使用的机具、设备、防护用具及作业环境进行检查，如发现问题立即采取改进措施。

认真做好新工人的岗位教育。

发生工伤事故时保护好现场并立即上报工长。

7. 作业人员安全生产责任

认真学习，严格执行安全技术操作规程，模范遵守安全生产规章制度。

积极参加安全活动，认真执行安全交底，不违章作业，服从安全人员的指导。

发扬团结友爱精神，在安全生产方面做到互相帮助、互相监督，对新工人要积极传授安全知识，维护一切安全设施和防护用具，做到正确使用，不准拆改。

对不安全作业要积极提出意见，并有权拒绝违章指挥。

发生伤亡和未遂事故要保护现场并立即上报。

（二）安全组织保证体系

1. 针对该工程的特点，以单位安全总监、项目经理、专职安全员、各专业队管理人员组成安全保证体系。

2. 工地成立安全领导小组以项目经理为组长，技术负责人、安全负责人为副组长，安全员、各施工工长、施工员为组员。

3. 施工现场配备专职安全生产管理人员，专职安全生产管理人员负责对安全生产进行现场监督检查，发现违章指挥、违章操作的，应当立即制止并及时向项目负责人报告。

（三）安全生产实行目标承诺

安全生产目标承诺：不发生重大伤亡事故，轻伤率控制在1.5%以内。

1. 安全生产管理内容

项目经理部负责整个现场的安全生产工作，严格遵照施工组织设计和技术措施规定的有关安全生产措施组织施工。

在施工过程中对薄弱部位、环节要以重点控制，对机械设备进场检验，安装和日常操作过程控制与监督，凡设备性能不符合安全要求的一律不准使用。

防护设备的变动必须经项目经理部安全员批准，变动后要有相应有效的防护措施，作业后按原标准恢复，所有书面资料由经理部安全员保管。

加强劳动保护用品的教育和培训，监督、教育职工按照劳动保护用品的使用规则和防护要求正确佩戴、使用。

现场的各种设施，材料及设备的放置，严格执行现场平面图，做到安全合理。

对危险物品、涉及生命安全、危险性较大的特种设备，以及危险物品的容器、运输工具等设置，必须按照国家有关规定，由专业人员检验合格，取得安全使用证或者安全标志，方可投入使用。

制定本工地项目部生产安全事故应急救援预案，建立应急救援组织，配备应急救援人员及必要的应急救援器材、设备，并定期组织演练。

2. 安全生产管理具体内容

安全技术交底制：根据安全施工要求和现场实际情况，各级管理人员需逐级进行各分项工程的书面安全技术交底；

班前安全教育检查制：所有施工人员进行岗前安全操作教育培训，经过考试合格后方可上岗。专业责任工程师和专业监理工程师必须监督与检查专业施工队伍对安全防护措施是否到位。

施工现场实行封闭制：按照施工现场情况及施工安排设置各项临时保护设施对游人、建筑物、地面设施进行保护。所有外檐架子一律做全封闭围挡，并设明显的安全标志防止落物伤人。

机械设备安装实行验收制：机械操作室要悬挂安全操作规程，操作人员必须按交底规程进行操作，使用、保养、维修，必须严格遵守说明书和安全操作规程的规定。施工机械的操作人员须经有关部门培训持证上岗，各种机械设备必须有安装、拆除验收手续，并做好定期检查—记录，未经验收严禁使用。

周五安全活动制：项目经理部每周五组织全体工人进行安全教育，对本周安全方面存在的问题进行总结，对下周的安全重点和注意事项做必要的交底，使操作工人能对所从事的工作安全心中有数，从意识上时刻绷紧安全这根弦。

定期检查与隐患整改制：项目经理部每周要组织一次安全生产检查，建立专门检查机构，配备专职的安检人员每天对施工现场进行经常性安全检查，对查出的安全隐患必须定措施、定时间、定人员整改，并做好安全隐患整改消项记录。

实行安全生产奖罚制与事故报告制：进入施工现场，施工人员必须戴好安全帽并扎好帽带，施工现场院内严禁吸烟，严禁酒后作业和穿拖鞋作业。如有违章者，各项一次罚款50元，给予主管负责人罚款100元。工地现场一切机具设备、电气设备严禁非工作人员使用，发现违章者，给予100元罚款，造成机器设备、电气设备损坏，必须照价赔偿，并追究领导责任，一旦出现危及职工生命财产险情，要立即停止施工，同时即刻报告有关部门，及时采取排除险情。

持证上岗制：项目经理、工长、安全员是安全教育的主要责任人，须经培训考核并取得安全生产管理资格后，凭证进行安全生产，凭证进行安全生产管理。特殊工种（包括电工、电焊工、架子工、机工、起重工等）必须经有关部门进行培训考核合格取得操作证后方准上岗作业，做到证件齐全有效。

开展安全标准化活动：施工流程的各个环节、各岗位要建立严格的安全生产责任制、生产经营活动和行为，必须符合安全生产有关法律法规和安全生产技术规范的要求，做到规范化和标准化。

3. 制定紧急情况的处理预案

根据国家有关规定，要求各个行业部门制定相应的应急预案措施，根据该工程的上岗特点，施工现场成立应急预案领导，以项目经理为主要领导，施工管理人员为组员的小组，一旦发生意外事故，施工现场将启动应急预案，相关人员按照自己的职责，采取措施，并及时向上级领导汇报，使事故损失降到最低点，避免现场出现混乱现象。

进行安全生产事故的应急救援制定，统一部署应急救援预案的实施。

对木加工场所的危险源进行检查、评估和危险预测，确定本场所安全防范和应急救援重点，并制定相应的应急救援预案。

针对可能发生的生产安全事故组织采取的应急救援工作并根据实际情况的变化，随时修改补充，完善预案的内容。

认真组织有关人员学习，掌握预案的具体内容和相关措施，定期组织演练。

配备必要保健药箱，常用药品及急救器材，有毒有害作业人员配备有效的防护用品。

确保生产安全事故发生时，能够按照预案的要求，高效、有序地进行事故应急救援工作。

（四）安全生产保证措施

1. 各类临时支撑体系安全措施

严格执行国家有关施工现场安全管理条例及办法。编制安全措施，设计和购买安全设施。

制定施工现场安全防护基本标准，上下垂直作业要有隔离防护，并保证足够的照明光线。

强化安全法制观念，严格执行安全工作文字交底，双方认可等。

2. 机械设备安全管理措施

建立机械设备安全管理小组，以机械工长为主执行每日开工前、停工后的巡查制度，做好设备的运转安全日记。

各种机械操作人员和车辆驾驶员，必须取得操作合格证，不得操作与操作证不相符的机械，不将机械设备交给无本机操作证的人员操作，对机械操作人员要建立档案，专人管理。操作人员必须按照本机说明书规定，严格执行工作前的检查制度和工作中注意观察及工作后的检查保养制度。

停工后现场所有设备一律断电，设立 1 名值班电工做好最后配电检查，拉下闸刀锁好配电箱门，最后切断配电箱电源，如需用电必须告知值班人员，方可用电，如擅自用电，发现后加倍处罚。

保证施工现场全部机械设备完好率，利用率达到要求，确保工程进度顺利完成。

3. 各类脚手架和作业平台安全措施

施工作业搭设的脚手架、扶梯、护身栏、上料平台、安全网等，并经验收合格后方可使用，架子工程应符合《建筑施工高处作业安全技术规范》和《建筑安装工人安全技术操作规程》规定要求。

脚手架的基础必须经过硬化处理满足承载力要求，做到无积水，沉陷。

在搭设过程中应由安全员、架子班长等进行检查、验收和签证。

结构施工外脚手架支搭完毕后，经项目部安全员验收合格后方可使用，任何班组长和个人，未经同意不得任意拆除脚手架部件。

严格控制施工荷载，脚手板不得集中堆料施荷，施工荷载不得大于3kN/㎡，确保较大安全储备。

各作业层之间设置可靠的防护栏，防止坠落物体伤人。

定期检查脚手架，发现问题和隐患，在施工作业前及时维修加固，以达到坚固稳定，确保施工安全。

拆架前，全面检查待拆脚手架，根据检查结果，拟订出作业计划，报请批准，进行技术交底后才准工作。拆除时要统一指挥，上下呼应，动作协调，当解开与另一人有关的结扣时，应先通知对方，以防坠落。所有杆件和扣件在拆除时应分离，不准在杆件土附着扣件或两杆连着送到地面。

作业平台从经济、实用的角度考虑，作业平台设计为悬挑式钢管平台，前后坡各设制1个，规格为3.0米 ×1.0米 ×1.5米（长 × 宽 × 高），悬挑长度为1米，平台上要设有限定荷载标牌，本工程倒料平台限重为0.2吨。

4. 临时用电系统和电动机具、设备安全措施

（1）临时用电技术措施

临时用电有方案和管理制度，现场各类机电设备必须符合安全标准，电气设备进场应设电工统一管理，值班、检测、验收、维修并一一记录。电气设备、机具由专人管理、操作。操作人员要持证上岗，并且个人防护用品穿戴齐全。

安全用电，现场总箱及分箱装设端正、牢固、防尘、防雨，箱内接线采用绝缘导线，不得出现外露带电部分。施工现场不得使用塑料单股导线、麻花线和护套线作移动导线，均需使用橡胶套电缆。

凡在一般场所使用的220伏照明必须按规定布线和装设灯具，并在电源处加装漏电保护器，特殊场所按规定使用安全电压。

每台用电电气设备均采用“一机、一闸、一漏、一箱”含插座、闸具，严禁同一开关直接控制两台以上的用电设备，过流和漏电保护参数要匹配。

对甲方提供的电源管线采取措施，加以保护，合理布置用电系统，实行三相五线制，两极漏电保护，配电箱使用符合部颁标准的定型产品并设明显安全警示标志。

施工现场的用电线路、用电设施的安装和使用必须按照规范和安全操作规程，严禁任意拉线接电。所有固定配电箱按设计图配置编号，箱体漆色一致，箱门齐全，有锁和上锁位置，下班停电上锁，并留有照明灯具。

施工现场必须设有保证安全要求的夜间照明；危险潮湿场所的照明以及手持照明器具，必须采用符合安全要求的电压。

（2）临时用电防火措施

电气设备禁止超负荷使用，设备末端必须设过载保护和漏电保护。

暂设电工对电气设备经常巡视检查运行情况，对导线、接头、电器元件有无发热，电机、焊机温升有无超标。

使用明火必须经保卫消防人员检查后，报甲方保卫部门领取用火证后方可使用，并配有有效灭火器材，设专人看火。

配电室、配电箱旁边严禁放置材料、杂物及易燃物。

每月对现场安全用电、防火进行两次检查，发现问题及时解决，记录存档、增强安全用电和防火意识，保证临时用电系统的正常运行。

5.“三宝、四口、五临边”安全防护措施

安全帽：须经有关部门检验合格后方准使用。使用时要系好帽带，不准将安全帽随便抛扔或坐、垫和使用缺衬、缺带及破损的安全帽。

安全带：须经有关部门检验合格后方准使用。几年后，必须按规定抽检、查验一次，对查验不合格的，必须更换安全绳后才能使用安全带。平时应储存在干燥、通风的仓库内，不准接触高温、明火、强酸碱或尖锐的坚硬物体。安全带应高挂低用，不准将绳打结使用。

安全网：要求从二步起立挂安全网，网绳不得破损，绷紧封严。网之间拉接严密。

通道口、进料口的上方，必须设置防护棚，其尺寸大小及强度要求可视具体情况而定，但必须达到使下面通行或工作的人不受任何落物的伤害。

屋面、临边防护临边应装设临时护栏，间距大于 2 米时要设立柱或有随屋面安装正式防护栏杆。楼板屋面，平台等面上，短边边长在 2 厘米以上的洞口四周围设防护栏杆，洞口下张挂安全平网。

在预留洞口、屋面临边搭设符合要求的围栏，且不低于 1.2 米，并要稳固，施工人员由斜道或扶梯上下，不攀登脚手架，或绳索上下，并做好“四口”等防护措施的管理。

在建筑四周有人员通道、机械设备上方都应采用钢管搭设安全防护棚，安全棚要铺一层脚手板和一道安全网，侧面用密目网做防护。

6. 高空作业防高空坠落和物体打击措施

（1）所有进入施工现场的人员戴好安全帽，并按规定戴劳动保护用品和安全带等安全工具。

（2）高空作业人员及搭设高空作业安全设施的人员，必须经过技术培训及考试合格后持证上岗，并定期进行身体检查。

（3）高空作业必须有安全技术措施及交底，落实所有安全技术措施和人身防护用品。

（4）高空作业中所有的材料均应放置平稳，不得妨碍通行和其他作业，传递物件时禁止抛掷。高处操作人员使用的工具、零配件等，应放在随身佩戴的工具袋内，不可随意向下掷物。

（5）防高空坠落屋面、临边应装设临时护栏，间距大于2米时要设立柱或有随屋面安装正式防护栏杆。楼板屋面，平台等面上，短边边长在150厘米以上的洞口四周围设防护栏杆，洞口下张挂安全平网。

（6）地面操作人员，应尽量避免在高空作业面的正下方停留或通过，也不得在正在安装的构件下停留或通过。

（7）雨天和雾天进行高空作业，必须采取可靠的防滑措施，遇到六级以上大风时，停止上高空作业，暴雨后对高空作业设施进行全面的检查、修复和完善。

7. 缩短工期的安全措施

（1）特殊条件下的工期保证措施

充分利用我们的雄厚资金、材料储备优势，对施工过程中出现资金暂不到位、材料短缺、调剂等问题时，提供保障。

当施工中有扰民现象时，作相应经济补偿，以保证工期。

做好冬雨期施工技术措施准备工作，保证冬雨期施工的正常进行。

（2）夜间施工措施

工程施工尽量不安排在夜间进行，如果应连续施工的项目必须夜间施工时，应做出妥善安排。

夜间施工应首先办理夜间施工许可证，绝对不允许无证进行夜间施工。

夜间施工的分项应尽量减少噪声，现场做好周围居民的安抚工作，提前贴出通知，再进行耐心细致的解释工作。

夜间施工应派专门技术人员值班，及时处理各种问题和突发事件，防止出现工程质量事故。

夜间施工的工作人员应进行专门安全教育，施工时应注意严格按照操作规程操作，不大声喧哗。

（3）节假日工期保证措施

节日期间，为确保工程工期的实现，拟采取特殊措施予以确保。首光，充分做好劳力的动员工作，合理安排有关操作人员正常施工，保证工期目标的实现。

双休日、法定节假日（包括五一、十一等长假）期间，我方将从人力、物力、财力等方面加强现场的施工管理工作，采取管理人员轮休、操作人员轮换的行之有效的方法，连续组织施工，以确保本工程工期目标的实现。

我方把本工程作为单位的重点、形象工程。

现场成立项目经理部，推行“项目承包”施工管理，配齐项目管理人员，投入足够的精干的施工队伍，从组织上保证工程进度的如期实现，搞好内部各级承包制，充分调动职工的积极性。

充分做好开工前准备工作。首先搞好图纸会审工作，及时编制可行的施工组织设计和主要分项施工作业计划，为施工提供可靠保证。其次及早做出材料、设备、工具需用计划，并按期进场。施工准备应准确及时，要求精细。做到施工与材料，施工与加工构件，土建主体施工与安装专业交叉配合同步，保证按时完成施工分部分项：

以总计划为龙头，编制季、月、旬作业计划，加强调度与管理，维护计划的严肃性，按照工期按阶段完成施工目标。

建立每周例会制度，加强甲、乙双方及设计单位协调，解决施工过程中的问题。

编制好劳动力计划，选派素质高、技术力量强的各专业队伍施工，对特殊工种的工人提前组织学习和培训。

施工中严把质量关，各分项工程确保一次达到验收规定标准，避免因返工、修补而造成工期延误。

（4）农忙季节施工措施

提前做好准备，组织好农忙期间的劳动力安排及落实。做到不因任何情况而影啊施工。

为确保形象进度，认真安排好进度计划，安排好职工的生活，确保工人的正常作息时间，及时发放工人工资。

为加强对农忙期间的劳动管理，由单位组成假期考核小组，负责有关制度的执行、监督。

单位有关部门在农忙考核期间要认真做好工人的思想教育工作，严格检查出勤情况。

十三、安全消防、文明施工及环境保护的措施

（一）安全消防措施

贯彻以人为本，“预防为主，防消结合”的消防方针，结合本工程施工中的实际情况，加强领导，建立逐级防火安全责任制，进入施工现场禁止携带火种，确保施工现场消防安全。

针对本工程项目的特点成立防火领导小组，以项目经理为组长，技术负责人、安全员为副组长，各施工工长、施工队队长、现场保安员为组员。

工地成立消防工作组并设义务消防队，义务消防队由15人组成，分别明确人员、责任。各施工建筑明确消防安全责任人员，实行挂牌制。

通过提高施工人员的消防安全意识，落实逐级防火岗位责任制，达到横向到边，竖向到底，并有专人负责消防安全工作。

施工区域用火要有严格的防范措施，并备有足够的消防器材，未经有关部门批准，不准动用火源。必须明火作业时，应落实用火证、操作时专人看管，配备充足的灭火器材，操作完毕对用火现场详细检查，由专职安全员确认无火灾隐患后，方可离岗。

对参加施工人员进行全方位的培训教育，提高施工人员的消防意识，做到相应知识“应知应会”。参施人员要增强法制观念，以便更加规范化、标准化和科学化的管理施工。以多种形式搞好消防安全教育，提高参施人员的法制观念和防火安全意识，自觉地遵纪守法，执行各种规章制度。

施工现场明显位置设灭火器材及工具；设置干粉灭火器、水龙带、水枪、铁锹、火钩等灭火工具；设专人管理并定期检查确保设备完好，任何人不得随意挪动。平时加强检查、维修、保养，并要做到“布局合理、数量充足、标志明显、齐全配套、灵敏有效”。

对参施人员要进行登记注册，要“三证”齐全，签订治安、消防、安全责任书，非施工人员不得进入现场。

加强每周现场消防安全工作的检查，保证施工任务顺利完成。

严格遵守有关消防法规，施工现场实行逐级防火责任制。确定一名施工现场负责人为专职防火负责人，全面负责施工现场的消防安全工作。建立义务消防队，组织义务消防人员熟悉灭火设备、设施的使用，熟悉存放灭火设施的地点。

如施工现场要搭设临时建筑，为保证防火要求，不得使用易燃材料做临设。

施工材料的存放、保管，应按山西消防法规管理条例的有关规定执行。易燃材料必须专库保管储存，化学易燃物品和压缩可燃气体容器等，应按其性质设置专用库房分类存放。其库房的耐火等级和防火要求应符合公安部制定的《仓库防火安全管理规则》，使用后的废弃物料应及时消除，库房内配备一定数量的干粉灭火器。

施工现场应按施工部署消防用水的要求引入消防用水，配备消火栓、消防水龙带，同时应设置必要数量的干粉灭火器、消防水桶、铁锹、火钩等灭火工具。

消防工具要由专人管理并定期进行检查和试验确保完备好用。

施工现场、加工区、作业场所和材料堆置场内的易燃可燃杂物，应及时进行清理做到一天一清。

现场消防负责人应定期进行防火检查，加强昼夜防火的巡视工作和对施工现场随时检查，发现火险隐患问题及时解决。

现场严禁吸烟，发现吸烟者，一律处以罚款，并予以辞退。

机电设备：电气设备和线路必须绝缘良好，电线不得与金属物绑在一起；各种电动机具必须按规定接零接地，并设置单一开关；遇有临时停电或停工休息时，必须拉闸加锁。电气设备禁止超负荷使用，设备末端必须设过载保护和漏电保护。暂设电工对电气设备经常巡视检查运行情况，对导线、接头、电器元件有无发热，电机、温升有无超标。配电室、配电箱旁严禁放置材料、杂物及易燃物品。每月对现场安全用电、防火进行两次检查，发现问题及时解决，并记录存档。增强安全用电和防火意识，保证临时用电系统的正常运行。

化学面层保护作业：设置明显警戒标志，施工范围内不得有电气焊作业、明火作业。施工时，现场要配备灭火器。

可燃可爆物资存放与管理：施工材料的存放、保管，应符合防火安全要求，库房应用非燃材料搭设。易燃易爆物品应专库储存，分类单独存放，保持通风，用电符合防火规定。化学易燃品和压缩可燃性气体容器等，应按其性质设置专用库房分类存放，其库房的耐火等级和防火要求应符合公安部制定的《仓库防火安全管理规则》，使用后的废弃物料应及时消除。使用易燃易爆物品，必须严格防火措施，指定防火负责人，配备灭火器材，确保施工安全。

现场堆料防火措施：木材堆放不要过多，垛之间应保持一定的防火间距，木材加工的废料要及时清理，以防自燃。

消防安全工作的准备：我方将在正式施工前，主动与当地消防队联系，针对本项目的重要性和特殊性，制定消防预案。

请消防人员对全体参施职工进行一次消防安全教育，项目部相关管理人员与消防官兵就施工过程中的消防安全问题进行研讨。并根据现场实际情况，拿出一个切实可行的消防预案。

举行一次具有针对性的消防演练。共同研究在施工过程中如何相互协调，防患于未然，把消防安全工作做好，保证工程顺利进行。

（二）治安保卫保证措施

现场成立治安保卫领导小组：组长由项目经理担任；副组长由保卫员、消防员、安全员、技术负责人及工长担任。

施工现场建立治安保卫工作小组，并与分包单位签订保卫、消防、治安工作消防责任书。采取维护安全、防范危险、预防火灾等措施，对误入现场行人，应好言相劝文明用语，避免口角相斥。

严格遵守有关消防、保卫方面的法令、法规，制定有关消防保卫管理制度，完善消防设施，消除事故隐患。对参加施工所有人员要进行入场前安全消防知识教育，尤其是按甲方要求进行工程施工管理协议教育。出入大门时要遵守甲方工地出入管理制度，主动接受警卫人员检查证件，不得随便到非施工区域。

建立施工现场保卫、治安、消防组织，配备专职保卫、消防人员。施工现场设置警卫室，建立门卫和护场制度，执勤人员要佩戴标志，安排警卫施工期间值班。各班组现场施工人员登记成册，统一管理，作业人员持证上岗，现场实行全封闭管理，防止闲杂人员进入。

如施工甲方提供食宿有限，非经施工现场保卫部门负责人批准，任何人不得在施工现场留宿。施工作业人员不得在施工现场围挡以外逗留、休息，人员用餐必须在施工现场围挡以内指定区域。配备密闭式垃圾箱等临时设施。

现场要有明显的防火宣传标志。每月定期组织保卫消防工作检查，建立保卫、防盗、消防工作档案。施工现场发生各种案件和灾害事故，要立即报告并保护好现场，配合公安机关侦破。

料场、库房的设置应符合治安消防要求，搭设临建时，应符合防火要求，不得使用易燃材料。施工材料的存放、保管应符合防火要求，易燃材料必须专库储存。施工现场不准作为仓库使用，不准积存易燃、可燃材料。由于场地较小，现场周边要保持畅通与清洁，不得随意堆放物品，更不允许堆放杂乱物品或施工垃圾。

做好成品保卫工作，严防被盗、破坏和治安灾害事故的发生和防止偷盗事件发生。

做好施工现场安全保卫工作，采取必要的防盗措施对本工程的材料要进行妥善保存保管，尤其是建筑拆下旧材料，施工中列为文物保存范围的，任何个人无权私自动用及收藏。对不遵守制度，忽视文物保护法规任何行为、违法行为加重进行制裁。

对进入现场的施工人员进行严格审查，每日上下班实行检查制度，职工携物出场，要开出门证。

安装电气设备或进行电气焊作业等，必须由合格的电工、焊工等专业技术人员操作，使用电热器，须经现场防火负责人同意批准。

非施工人员不得擅自进入施工现场，采取维护安全、防范危险、预防火灾等措施，对误入现场行人，应好言相劝文明用语，避免口角相斥。

施工现场大门和围挡牢固整齐，五板一图规范明显醒目。

建立预警制度，对于有可能发生的事件要定期进行分析，化解矛盾。紧急情况拨打火警电话 119，匪警电话 110，以及相关单位电话。

（三）确保文明施工措施

本工程组织好安全生产，落实好文明施工，是我方工作的重点，加强文明安全施工的过程管理，开展创建文明安全工地活动，也是文明施工的关键内容。

1. 文明施工管理目标

本工程争创“文明安全工地”，提高文明施工管理水平，施工现场及机械料具管理要严格按总平面设计做到合理布置、方便施工、场容整洁、封闭施工环境保护及环境措施得力、管理严密，符合修缮相关法规、规定的要求，防止有损周围环境和人员身体健康现象的发生；在防止扰军、扰民等方面制定具体的措施，加强内部保证和外部协调，妥处理所出现的问题。

2. 建立健全岗位责任制

按专业和工种实行管理责任制，把管理的目标进行分解并落实到有关专业及人员。项目主管领导统一安排布置，项目有关部门和管理人员负责落实文明施工管理机构及运行程序成立工地文明施工领导小组。

3. 现场整体形象

项目现场大门，可根据甲方的意见决定是否并排放置放大的甲方要求与单位质量方针标牌、现场平面布置、组织机构、单位简介、安全生产、质量保证、消防保卫、环境保护等标牌。

工地大门、围墙：工地围墙根据现场地形地貌，并采用专用施工现场钢制定型围墙进行围挡。在围墙宣传上征求甲方意见，显示本工程建设者关心公益事业的良好形象。大门采用钢质材料制作，规格、文字组合按统一标准执行。设专人负责工地周边地区的清洁工作，保证在施工期间周边环境好于平时，树立甲方与我方的良好形象。

标牌：在现场大门内侧明显处统一样式的施工标牌，内容为：工程名称、建筑面积、建设单位、设计单位、施工单位、监理单位、工地负责人、开工日期、竣工日期等。“一图五板”，每块板高 1.2 米，宽 0.8 米，标准三合板成型、面用有机玻璃、电脑刻字，内容按我方现行使用的《现场平面布置图》《施工现场安全生产管理制度》《施工现场文明施工管理制度》《施工现场消防保卫制度》《施工现场环境卫生制度》《施工标志牌》。整个板的固定架用槽钢，上面加防雨棚。

装：施工过程中统一着装，并按照甲方要求宣传有关工作。

施工现场内外的花草树木进行围挡遮盖保护。

4. 施工现场料具存放目标管理保证措施

为了使施工现场料具存放更加规范化、标准化，促进场容场貌的科学管理和现场文明施工，特制定出如下的料具存放方法。

（1）大堆材料的存放要求

机砖码放应成丁（每丁为 200 块）、成行，高度不超过 1.5 米，各种瓦件不得平放。

砂石、灰等存放成堆，场地平整，不得混杂。

（2）水泥、白灰的存放要求

库内存放：库门上锁，专人管理；分品种型号堆码整齐，离墙不少于10厘米，严禁靠墙。垛底架空垫高，保持、通风防潮，垛高不超过10袋；抄底使用，先进先出。

露天存放：临时露天存放必须具备可靠的苫、垫措施，下垫高度不低于30厘米，做到防水、防雨、防潮、防风。

白灰存放：应存放在固定容器内，没有固定容器时应设封闭的专库存放，并具备可靠的防雨、防水、防潮等措施。

（3）门窗及木制品的存放要求

堆放应选择能防雨防晒的干燥场地或库房内，设立靠门架与地面的倾角不小于70厘米，离地面架空20厘米以上，以防受潮、变形、损坏。

按规格及型号竖立排放，码放整齐，不得塞插挤压，五金及配件应放入库内妥善保管。

露天存放时应下垫上苫，发现钢材表面有油漆剥落时应及时刷油（补漆）。

（4）木材的存放要求

应在干燥、平坦、坚实的场地上堆放，垛基不低于40厘米，垛高不超过3米，以便防腐防潮。

应按树种及材种等级、规格分别一头齐码放，板方材顺垛应有斜坡；方垛应密排留坡封顶，含水量较大的木材应留空隙；有含水率要求的应放在料库或料棚内。

选择堆放地点时，应尽可能远离危险品仓库及有明火（锅炉、烟囱、厨房等）的地方，并有严禁烟火的标志和消防设备，防止火灾。

拆除的支撑料应随时整理码放。

（5）防水材料的存放要求

沥青底应坚实平整，并与自然的向隔离，严禁与其他大堆料混杂。

普通油漆应存放在库房或料棚内，并且应立放，堆码高度不超过2层，忌横压与倾斜堆放。玻璃布油毡平放时，堆码局部不超过3层。

其他防水材料可按油漆化工材料保管存放要求执行。

（6）轻质装修材料的存放要求

应分类码放整齐，底垫木不低于10厘米，分层码放时高度不超过1.8米。

应具备防水、防风措施，应进行围挡、上苫；石膏制品应存放在库房或料棚内，竖立码放。

（7）周转料具的存放要求

应随拆、随整、随保养，码放整齐。

钢脚手管、脚手板应有底垫，并按长短分类，一头齐码放，高度不超过 1.8 米。

各种扣件、配件应集中堆放，并设有围挡。

5. 控制扬尘污染措施

贯彻国家有关治理大气污染的措施，严格执行“建设工程施工现场环境保护标准”在施工作业中认真组织实施防治扬尘污染环境的措施。

施工现场应建立环境保护管理体系，责任落实到人，并保证有效运行。

对施工现场防治扬尘污染及环境保护管理工作进行检查。

定期对职工进行环保法规知识培训考核。

施工现场主要道路必须进行硬化处理，视具体情况尽量增大现场硬化面积或绿化处理。施工现场应采取覆盖、固化、洒水等有效措施，做到不泥泞、不扬尘。

拆除旧有建筑时，应随时洒水减少扬尘污染。遇有四级风以上天气不得进行瓦件拆除、磨细灰以及其他可能产生扬尘污染的施工。拆除屋面泥、灰背和旧有建筑时，应随时洒水，拆除的泥、灰背用编织袋装运至地面，减少扬尘污染。

灰泥和其他易飞扬的细颗粒建筑材料应苫盖存放，使用过程中应采取有效措施防止扬尘。施工现场土方应集中堆放，采取覆盖或固化等措施。

严禁在脚手架上凌空抛撒灰、泥、瓦件及落房土。施工现场应设密闭式垃圾站，施工垃圾、生活垃圾分类存放。施工垃圾清运时应提前适量洒水，并按规定及时下清运消纳。

土方开挖要做到四级风以上天气停止施工并做好按时清扫和洒水压尘。土方一般不在现场堆放，如特殊情况需在现场堆放时，应采取覆盖、表面临时固化等控制措施。从事土方、渣土和施工垃圾的运输，必须使用密闭式运输车辆。出场时必须将车辆清理干净，不得将泥沙带出现场。施工机械、车辆尾气排放应符合环保要求。

施工现场应有专人负责环保工作，配备相应的洒水设备，及时洒水，减少扬尘。

特殊工艺扬尘的控制措施

（1）渣土要在拆除施工完成之日起三日内清运完毕，并应遵守拆除工程的有关规

定。地基处理等需拌制灰土时，应控制土的含水率，控制扬尘。

（2）大风时禁止拌制作业，必须进行时应采取良好的围挡和洒水降尘措施。

（3）施工现场的垃圾站应及时清理，并对其进行密闭处理，建筑物内清理垃圾须使用专用垃圾道或用袋装运到垃圾站。建筑垃圾应及时清运到垃圾站，并派车运出现场，在装、卸等环节中，应尽量减少扬尘。

6. 防治水污染措施

现场存放油料：必须对库房进行防渗漏处理，储存和使用都要采取措施，防止油料泄漏，污染土壤水体。

在现场施工，因防水工程、内外装修工程、防腐工程等分部分项工程的需要，使用具有挥发性的有毒有害物质时，应对此类物品设置专库储存，并做好密封、防泄漏措施。

施工现场临建阶段，统一规划排水管线。运输车辆清洗处设置沉淀池，排放的废水要排入沉淀池内，经二次沉淀后，方可排出或用于洒水降尘。

施工现场生活污水通过现场埋设的排水管道，向市政污水井排放。平时加强管理，防止巧染。

7. 防治施工噪声污染措施

施工现场遵照《中华人民共和国建筑施工场界噪声限值》制定降噪措施。

施工现场的电锯、电刨、切砖机、云石机、角磨机等强噪声设备应控制使用数量，以减少噪声污染，营造较好的院内环境。

对人为的施工噪声应有管理制度和降噪措施，并进行严格控制。承担夜间材料运输的车辆，进入施工现场严禁鸣笛，装卸材料应做到轻拿轻放，最大限度地减少噪声干扰。

施工现场应进行噪声值监测，监测方法执行《建筑施工场界噪声测量方法》，并根据施工现场的特点，噪声值不应超过国家或地方噪声排放标准，昼间控制在 65 分贝，夜间控制在 55 分贝。

根据环保噪声标准（分贝）日夜要求的不同，合理协调安排分项工程的施工时间，将容易产生噪声污染的分项工程安排在白天进行施工。

夜间装卸材料时，严格控制产生过大响声。

手持电动工具或切割器具应尽量在封闭的区域内使用，夜间使用时，使临界噪声达标。

提倡文明施工，加强人为噪声的控制。尽量减少人为的大声喧哗，增强全体施工人员的防噪声扰民的自觉意识。

牵扯产生强噪声的木材加工、制作，尽量放场外完成。最大限度减少施工噪声污染，加强对全体职工的环保教育，防止不必要的噪声产生。

现场灰浆机棚和其他加工棚一律采取排烟、除尘和消音降噪措施。

8. 防治固体废物污染措施

坚持活完清场制度，下班场地清制度，划卫生责任区，实行分片包干，做到责任分明，文明施工监督员工长要随时检查，发现问题及时纠正。

现场的临建设施及材料机具的布置及堆放要严格按平面图所示位置进行，材料工具要码放整齐。任何材料、机械不得堆放在围挡外。

现场的道路要经常维护保持路面坚实、畅通，对落地灰、泥、刨花等及时清理。

对能够回收利用的固体废物尽可能做到百分之百的回收利用，不能利用的固体废物及时运出现场进行消纳。

9. 办公区、生活区环境卫生

施工现场办公区、生活区卫生工作由专人负责，明确责任。

办公区生活区保持整洁卫生，垃圾存放在密闭式容器，定期灭蝇，及时清运。

生活垃圾与施工垃圾不得混放。

生活区宿舍内夏季采取消暑和灭蝇措施，冬季应有采暖和防煤气中毒措施，并建立验收制度。宿舍内应有必要的生活设施及保证必要的生活空间，室内高度低于 2.5 米，通道的宽度得小于 1 米，应有高于地面 30 厘米的床铺，每人床铺占有面积不小于 2 平方米，床铺被褥干净整洁，生活用品摆放整齐，室内保持通风。

生活区内必须设有盥洗浴池和洗浴间。

施工现场应设水冲式厕所，厕所墙壁屋顶严密，门窗齐全，要有灭蝇措施，设专人负责定期保洁。严禁随地大小便。

施工现场设置的临时食堂和生活区工人食堂必须具备食堂卫生许可证、炊事人员身体健康证、卫生知识培训证。建立食品卫生管理制度，严格执行食品卫生法和有关管理规定。施工现场的食堂和操作间相对固定、封闭，并且具备清洗消毒的条件和杜绝传染疾病的措施。

食堂和操作间内墙粘贴瓷砖，屋顶不得吸附灰尘，设排风设施。操作间有生热分片的刀、盆、案板等炊具并存放柜橱。库房内有存放各种作料和副食的密闭器皿，有距墙地面大于20厘米的粮食存放台。不得使用石棉制品的建筑材料装修食堂。

食堂内外整洁卫生，炊具干净，无腐烂变质食品，生熟食品分开加工保管，食品有遮盖，应有灭蝇灭鼠灭蟑螂措施。食堂操作间和仓库不得兼作宿舍使用。

食堂炊事员上岗必须穿戴洁净的工作服帽，并保持个人卫生。严禁购买无证、无照商贩食品，严禁食用变质食物。

施工现场应保证供应卫生饮水，有固定的盛水容器有专人管理，并定期消毒。

施工现场应制定卫生急救措施，配备保健药箱、一般常用药品及急救器材。为有毒有害作业人员配备有效的防护用品。

施工现场发生法定传染病和食物中毒、急性职业中毒时立即同上级主管部门及有关部门报告，同时要积极配合为什么防疫部门进行调查处理。

现场工人患有法定传染病或是病源携带者，应予以及时必要的隔离治疗，直至卫生防疫部门证明不具有传染性时方可恢复工作。

（四）环境保护管理措施

为了保护和改善生活环境与生态环境，防止由于建筑施工造成环境污染和扰民，维护甲方的利益，保障建筑工地施工人员的身体健康，提升单位品牌形象，也是施工现场管理达标考评的一项重要指标，所以我方依照《中华人民共和国环境保护法》，采取有效的管理措施做好这项工作。

1. 施工现场环保工作计划

认真学习和贯彻国家、山西有关环保的法令、法规和条例，达到并超过山西文明施工现场的要求。

积极全面地开展环保工作，成立环保领导小组，环保自我保障体系和环保信息网络，并保持运行。

加强环保宣传工作，提高全员环保意识。

现场采取图片、表扬、评优、奖励等多种形式进行环保宣传，并将环保知识的普及工作落实到每位施工人员。

对上岗的施工人员实行环保达标上岗考试制度，做到凡是上岗人员均通过环保考试。

现场建立环保义务监督岗制度，保证及时反馈信息，对环保做得不周之处及时提出整改方案，积极改进并完善环保措施。

实行奖罚、曝光制度，定期奖励。

严格按照施工组织设计中环保措施开展环保工作，其针对性、可操作性要强。

2. 施工现场环保工作制度

积极全面开展工作，加强施工现场环保工作的组织领导，成立以项目经理为首的由技术、生产、材料、机械等部门组成的环保工作领导小组，设立兼职环保员一人。

建立施工现场环保自我保证体系，做到责任落实到人。

建立环保信息网络，加强与当地环保局的联系。

不定期组织工地的业务人员学习国家、山西有关环保的法令、法规、条例，使每个人都了解工地的要求和内容。

认真做好施工现场环境的监督检查工作，包括每月三次噪声监测记录及环保管理工作自检记录等，做到准确真实记录数据。

施工现场要经常采取多种形式的环保宣传教育活动，施工队进场集体进行环保教育，不断提高职工的环保意识和法制观念，未通过环保考核者，不得上岗。

在普及环保知识的同时，不定期地进行环保知识的考核检查，并鼓励环保革新发明活动。

制定防止大气污染，防止水污染和防止施工噪声污染的具体制度。

（1）防止大气污染制度：现场采用液化石油清洁燃料，严禁熬沥青、烧杂物。

（2）防止施工粉尘污染制度：现场并定期洒水；专人清扫土方运输车辆，做好防遗撒工作；严禁凌空抛撒施工垃圾。

（3）防止水污染制度：车辆冲洗污水设沉淀池，食堂设置隔油池，定期清淘。

（4）防止噪声污染制度：对强噪声机械设置临时封闭工棚，加强教育，使人为噪声减少到最低点。

（5）凡违反环保制度，屡教不改的人视情节轻重给予 10 元～100 元的处罚。

第三章　工程监理管理

一、监理工作范围

根据该工程委托监理合同的约定，本次监理工作范围为：河南省文物考古研究院1号楼、2号楼、3号楼修缮工程施工准备阶段、施工阶段及竣工验收阶段的全过程监理。

二、监理工作内容

依据本工程委托监理合同、施工合同、设计方案以及国家相关的法律、法规、技术规范、验收标准等，本次监理工作内容是对工程项目在施工准备阶段、施工阶段、验收阶段实施质量控制、安全控制、进度控制、投资控制，对该工程的施工合同进行有效的监督、管理，施工过程中的各种工程信息资料进行收集整理并最终形成本工程的监理资料汇编，监理人员将努力协调各方之间的关系，推动工程顺利实现合同约定的目标。

（一）施工准备阶段监理工作内容

准备阶段的监理工作主要有下面几项：

1. 成立项目监理机构。

2. 在合同约定日期前进驻工地，与业主方、施工方建立正常工作程序和联系渠道。

3. 准备监理单位常用的表格、工具和技术文件。

4. 收集设计方案和施工图纸、批文、施工合同等资料。

5. 编写监理规划。

6. 审查施工合同、施工单位资质和施工项目部人员资质。

7. 审查施工组织设计，签署审查意见。

8. 协助工程进行开工备案。

9. 参加业主单位组织召开的第一次工地会议。

10. 实地勘察，校核设计方案和图纸，将图纸中的问题汇总整理成书面文件，参加业主单位组织的图纸会审和设计交底。

11. 审查开工条件，在满足开工要求时签署开工报审表和开工报告。

（二）施工阶段监理工作内容

1. 文物保护工程质量控制的内容

根据本次工程的特点，监理单位在实施具体质量控制工作中，主要根据设计技术文件、施工图纸的要求，着重做好工程材料质量、工艺质量、工序质量的控制。

2. 文物保护工程进度控制的内容

监理单位在施工前根据施工合同的工期约定，审查施工单位编制的总进度计划，在施工中监督进度计划的落实情况，处理工程延期及延误等事宜。

3. 文物保护工程费用控制的内容

监理单位根据法律规定及双方签订的施工合同，对施工单位完成的工程量进行审核，签署工程量核定资料，在征得业主单位同意后开具工程款支付证书，处理工程费用索赔相关事宜。

4. 文物保护工程安全生产管理的内容

监理单位审查施工单位安全管理体系及施工现场安全管理制度，检查各项安全设施配备情况，履行工地安全检查职责，处理出现的安全问题。

5. 文物保护工程合同管理及信息管理的内容

监理单位收集工程合同，熟悉工程合同内容并督促合同签订双方按照合同约定履约，检查双方履约情况，根据合同约定处理双方纠纷。

监理单位根据有关法规、条例、部门规章、监理规范、行业标准等文件的要求收集工程施工过程中的各类原始资料，建立资料档案，工程竣工后提交完整的监理资料汇编。

6. 文物保护工程组织协调的内容

监理单位联结、联合、调和所有活动及力量，调动一切积极因素，促使各方协同一致，努力实现合同约定的目标。

（三）验收阶段监理工作内容

1. 监理工程师组织检查验收分项工程，符合要求时予以签证认可。

2. 总监理工程师组织相关单位人员进行本工程项目分部工程的验收。符合要求时总监理工程师签证验收报审表。

3. 总监理工程师组织监理工程师根据国家有关法律、法规、专业技术规范、专业验收标准、设计图纸、施工合同等，对施工单位报送的竣工验收资料进行审查，并组织有关单位人员对工程质量进行预验收（四方验评）。

4. 工程验收程序：

工程预验收（四方验评）

工程完工后，施工单位自检合格，向监理单位提出预验收（四方验评）申请，监理单位接到预验收（四方验评）申请后审查施工工程是否满足预验收（四方验评）条件：

工程是否已完成设计图纸要求的全部施工内容。

完成的各分部、分项工程是否经监理单位、建设单位、设计单位验收合格。

工程是否组织了阶段性验收，且验收合格。

工程资料是否完整、齐全、真实。

监理单位审查后，如满足预验收（四方验评）条件，及时报告业主单位组织工程四方进行预验收（四方验评）。监督施工单位对预验收（四方验评）提出的整改意见进行整改。

预验收合格后监理单位敦促施工单位编写预验收报告（四方验评报告），四方签字盖章。

监理单位将四方签字盖章后的预验收报告（四方验评报告）及工程施工资料、监理资料报送业主单位，由业主单位向上级文物行政管理部门申请进行竣工初步验收。

监理单位组织进行监理报告的编写，并形成初稿。

工程竣工初步验收

工程竣工初步验收的具体程序和要求应参照《全国重点文物保护单位文物保护工

程竣工验收管理暂行办法》执行。

监理单位参加文物行政管理部门组织的竣工初步验收，作监理工作汇报，接受验收专家组质询。

监理单位监督施工单位按照竣工初步验收提出的意见进行整改，整改完毕后对施工单位的整改报验表签署意见，直至整改合格。

监理单位对验收提出的对监理方的整改意见进行整改，形成监理报告终稿，并将监理资料汇编成册，将正式文件 3 本提交业主单位。

督促施工单位整理竣工资料，将监理资料一并提交业主单位后，由业主单位向上级文物行政管理部门申请竣工验收。

工程竣工验收

工程竣工验收的具体程序和要求应参照《全国重点文物保护单位文物保护工程竣工验收管理暂行办法》执行。

竣工验收不合格的，应立即停止使用，并依照验收意见在期限内完成整改，重新履行工程竣工验收程序。

三、监理工作目标

（一）文物保护工程质量控制目标

各分项、分部、单体工程质量一次性验收合格，总体工程竣工验收合格。

（二）文物保护工程进度控制目标

合同工期内完成施工任务。

（三）文物保护工程费用控制目标

由于文物保护工程的特殊性，工程变更经常发生，监理单位不保证工程结算金额在投资范围内，但保证如实审核工程变更导致的费用增加和减少，确保工程各项费用的支出符合法律规定和施工合同的约定。

（四）文物保护工程安全生产管理目标

实现工程安全零事故，杜绝一切安全事故的发生。

（五）文物保护工程信息管理及合同管理目标

工程各项信息资料完整、真实、齐全；施工合同顺利履行完毕。

（六）文物保护工程各方关系协调目标

努力协调各方关系，确保工程顺利完工。

四、监理工作依据

1.《中华人民共和国文物保护法》
2.《中华人民共和国文物保护法实施条例》
3.《文物保护工程管理办法》（2003）
4.《中国文物古迹保护准则》（2015）
5. 中华人民共和国国务院令第 393 号《建设工程安全生产管理条例》
6.《古建筑保护工程施工监理规范》
7.《建设工程监理规范》（GB 50319-2000）
8.《古建筑木结构维护与加固技术标准》（GB 50165-2020）
9.《古建筑修建工程质量检验评定标准（北方地区）》JGJ159-2008
10.《全国重点文物保护单位文物保护工程竣工验收管理暂行办法》（2016）
11.《全国重点文物保护单位文物保护工程检查管理办法》（试行）2016
12.《文物建筑保护工程施工组织设计编制要求》（2016）
13. 本项目设计方案批复的文物保函
14. 工程委托监理合同
15. 本工程施工招标文件、施工单位投标文件、《施工组织设计》
16. 本工程实施过程中设计单位出具的有关设计补充说明及变更文件
17. 国家颁布的其他适用于本工程的管理办法

五、项目监理组织机构人员配备

根据业主单位和监理单位签订的监理委托合同的任务要求，结合本工程的特点以及实际工作的需要，本次工程设总监理工程师一名，驻地监理工程师一名，并随时根据需要调整监理人员，以圆满完成本工程的监理工作。

项目监理机构人员配备：

姓名	性别	年龄	职称、职务	监理工作岗位
牛远超	男	31	责任监理师	总监理工程师
吴纯朴	男	37	古建工程师	监理工程师

六、监理工作的方法和措施

（一）工程质量控制的方法和措施

1. 工程质量控制的方法

工程主要材料质量控制的方法

本工程勘察设计方案对工程材料提出了具体要求，监理工程师将采取下列方法和措施对工程使用的材料质量进行严格控制和把关：

监督施工单位按照设计方案要求采购工程材料，要求施工单位按照程序进行材料的进场报验，监理单位检查施工材料的合格证或其他质量证明材料，未报验的材料严禁施工单位进场使用。

对于主要工程材料进行取样检测，监理单位对取样进行现场见证，确保取样的真实，监理单位要求施工单位提供样品最终的检测报告，确保符合设计要求。

本工程所使用的工程材料包括了传统材料，监理人员将根据自身丰富的检验传统材料的经验对材料进行检验把关，不符合传统工艺、不符合规范要求的传统材料禁止用于文物建筑本体。

监理人员着重做好砖、瓦、木材、水泥、砂、钢筋等材料的质量控制：对于砖，检查砖的尺寸、规格、形制、色泽，检查有无酥碱、隐残或其他方面的质量问题，必要时要求施工单位出具砖的检测报告，对吸水率、抗冻性、抗压强度等指标进行检查，确保符合设计和规范要求，确保同文物建筑原有砖保持一致；对于瓦件，检查规格、尺寸、形制、色泽，检查有无酥碱、隐残或其他方面的质量问题，确保符合设计和规范要求，确保同文物建筑原有瓦件保持一致；对于石材，按照规范要求检查石材材质、测量规格尺寸，检查表面处理的工艺质量，确保符合设计和规范要求，确保同文物建筑原有石材保持一致；对于木材，检查木材材质，检查含水率，裂缝、木节、腐朽等基本指标，检查防腐处理效果及加工制作的最终尺寸，确保符合设计和规范要求，确保同文物建筑原木构件保持一致；商砼、钢筋、水泥等，要求施工单位提供产品合格证，检查强度等技术指标是否符合设计图纸要求，并进行进场复试，见证取样，出具检测报告，符合设计要求时准许用于施工；对于水泥沙浆、白灰砂浆、麻刀白灰浆等黏合材料，检查不同组分的配比，及各配比组分的质量确保符合设计和规范要求，同原黏合材料保持一致。

根据设计方案要求及文物保护维修的原则和理念，监理人员监督施工单位尽量利用保存较好的原构件、原材料，不得在施工过程中随意损坏原建筑构件、原建筑材料。

凡是不符合设计和规范要求的材料要求施工单位一律退场处理，不得用于文物建筑本体。

屋面修缮质量控制的方法

监理人员监督施工单位按照正确工序对屋面进行挑顶，避免施工单位挑顶过程中对原构件的破坏、随意更换。

根据设计方案，本次修缮需要对屋面做法进行改良，增设护板灰、加厚油毡。施工过程中，监理人员要监督施工单位按照设计方案要求先做试验段，专家及设计人员现场论证后方可根据论证结果进行下一步施工。

检查施工单位所用灰浆的配比，确保符合设计要求，监督施工单位确保灰浆质量，进而保证屋面的维修质量。

检查油毡防水黏结是否牢固，是否存在褶皱、鼓泡、翘边的情况，检查搭接尺寸是否符合规范要求。

检查施工单位对屋面瓦件进行补配、挂瓦，监理人员重点检查补配的瓦件的规格、尺寸是否符合设计要求，是否同原瓦件相符，监督施工单位按照文物建筑原做法进行挂瓦。监理人员检查波形瓦铺设工艺、搭接宽度、瓦垄间距和顺直程度，检查是否铺设牢固。

每步工序修缮完成后，监理单位及时组织各部门检查验收，对于不符合规范和设计要求的部位监督施工单位整改到位。

木作维修质量控制的方法

由于勘察阶段设计单位无法对桁架、檩条等木构件残损情况进行详勘，监理人员要监督施工单位在维修时对桁架、檩条等木构件的残损情况进行进一步勘察，发现需要维修的部位时及时上报，等待设计单位确定修缮措施，监理人员根据设计单位确定的修缮措施监督施工单位进行施工。

桁架、檩的维修：监理人员首先监督施工单位对构件残损情况进行检查，能够继续使用的构件要继续使用，避免施工单位随意更换构件，对于需要补配的构件，监理人员对新做构件的尺寸规格、榫卯结构进行尺量检查，确保符合设计图纸要求。梁架安装、校正过程中，监理人员现场检查梁架各构件安装水平度、垂直度，并对榫卯安装牢固程度进行检查，确保梁架结构安全。对于裂缝部位，督促施工单位按照设计图纸要求进行加固，监理人员现场木条嵌补是否密实，黏结是否牢固，检查铁箍加固间距和加固牢固程度，确保符合设计图纸和规范要求。

对于挂瓦条、遮檐板、博缝板等木构件的维修：根据设计方案和文物现状，三个文物建筑的挂瓦条、遮檐板、博缝板均已全部糟朽，本次修缮需要进行补配。监理人员监督施工单位按照古建筑传统施工工艺制作新构件并进行安装，监理人员检查构件制作的尺寸、形制、规格，确保符合设计和文物原构件要求，检查防腐处理是否到位；检查安装节点是否牢固，挂瓦条安装间距是否与文物原构件一致。

对于门窗、楼梯扶手等木装修构件的维修：

监督施工单位按照设计要求对构件进行防腐处理。监理人员检查防腐处理的熟桐油质量是否符合规范要求，检查防腐处理是否到位。

监理人员及时组织各部门对木作维修进行检查验收，不符合设计和规范要求的，同原状不符不协调的监督施工单位整改到位。

墙体修缮质量控制的方法

监理人员对用于墙体施工的水泥砂浆、灰浆的质量进行检查，检查其规格是否符合设计图纸要求。

对于表面风化酥碱深度小于 3 厘米的部位，根据设计方案要求，监理人员监督施工单位保持原状，避免进一步破坏。对于砖体酥碱深度大于3厘米的部位，监督施工单位根据设计方案的要求剔除干净，用砍磨加工后的砖块按原形制、原位镶嵌。监理人员检查酥碱砖的剔补效果，确保剔除干净，确保不能损坏其他保存完好的砖。监理人员检查砍磨加工后的砖的形制、规格、尺寸，确保符合原状，符合设计尺寸；监督施工单位按照原工艺进行镶嵌，检查灰浆、砂浆的配比和隐蔽部位的饱满程度，检查勾缝的粗细、大小，是否均匀一致，确保符合设计要求，同文物建筑原状相协调。

根据工程的勘察设计方案与文物现状实际情况，河南省文物考古研究院1号楼、2号楼、3号楼三座文物建筑均存在部分墙体承载力不足的问题，需要采用钢筋网片对墙体进行加固。在施工前，监理人员会要求施工单位确定加固范围，避免对墙体存在过多干扰。施工过程中，监理人员监督施工单位按照设计图纸和规范要求施工，监督施工单位对墙面进行清理，避免存在黏结不牢固的隐患；钻孔、植筋施工时，监理人员要现场检查植筋位置、深度是否符合设计图纸要求，检查植筋胶灌注是否密实，督促施工单位进行拉拔试验，保证植筋质量；铺设钢筋网片施工时，监理人员要对钢筋规格型号、钢筋布设间距、网片焊接质量等进行检查，要求施工单位安装钢筋网片时保证网片垂直度与墙面垂直度一致；水泥砂浆抹浆施工时，监理人员对水泥砂浆的配合比和拌和质量进行检查，检查抹浆厚度是否符合设计图纸要求，检查抹浆后墙面垂直度是否符合要求。

对墙体的维修，监理人员及时组织各部门检查验收，对于不符合规范和设计要求的部位监督施工单位整改到位。

地面修缮质量控制的方法和措施

本工程地面施工主要是对三座文物建筑的室内一层、二层地面进行修缮，补配散水。

要求施工单位将用于地面维修的素土、砂、水泥等材料进行进场报验，检查混凝土、水泥砂浆的配比、强度是否符合设计要求。

一层室内地面水泥地面存在残损，监理人员要求施工单位铲除残损严重部位，按照“素土夯实→60毫米或80毫米厚C15混凝土→素水泥浆结合层一遍→20毫米厚1∶2水泥砂浆抹面压光”的做法重做室内地面。

监理人员监督施工单位按照设计要求更换残损严重的木地板，监理人员要对木地板制作、安装工序进行检查，检查安装平整度和牢固程度，检查木地板铺设后的效果，确保符合设计要求。

监督施工单位按照“素土夯实，向外坡4%→150毫米厚三七灰土→60毫米厚C15厚混凝土，面上加5毫米厚1∶1水泥砂浆随打随抹光”补做散水。施工过程中监理人员要对素土夯实密实度、三七灰土铺设厚度及密实度、混凝土建筑厚度、水泥砂浆面层抹面效果等进行检查，确保符合设计图纸和规范要求。

每步工序修缮完成后，监理单位及时组织各部门检查验收，对于不符合规范和设计要求的部位监督施工单位整改到位。

2. 工程质量控制的措施

要求施工单位按照材料进场报验程序进行材料的进场报验，未报验的材料严禁施工单位进场使用。

对于主要工程材料进行取样检测，监理单位对取样进行现场见证，监理单位要求施工单位提供样品最终的检测报告，未按照要求取样检测并提供检测报告的一律不允许用于本工程施工。

对于不适宜检测的老旧材料，监理单位报请业主单位、设计单位检验，监理单位监督施工单位使用。

按照要求报验合格，符合设计和规范要求，质量保证材料齐全的材料，监理单位签署进场材料报验单，允许施工单位进场使用。不符合设计和规范要求的材料要求施工单位一律退场处理，不得用于文物建筑本体。施工单位违规采用不合格材料的，监理单位监督施工单位整改合格，对于未整改合格的材料，监理单位拒绝签署涉及该项材料的工程质量认可书，拒绝签署涉及该项材料的工程款支付证书。对于采用不合格材料，监理单位要求整改而拒不整改，造成严重质量问题，危害文物安全的，监理单位将下发工程暂时停工令及监理工程师通知单，并及时向业主方和上级文物主管部门报告。

要求施工单位在施工过程中及时进行工程报验，验收合格后监理单位签署工程质量认可书，允许施工单位进行下一工序的施工；施工单位未经验收合格进行下步施工的，监理单位要求施工单位停止施工，监督其对该工序整改合格，重新履行报验程序后再行下步施工；未整改合格的监理单位拒绝签署质量认可书，拒绝签署涉及该工程的工程款支付证书；对于监理单位要求整改而拒不整改，造成严重质量问题，危害文物安全的，监理单位将下发工程暂时停工令及监理工程师通知单，并及时向业主方和上级文物主管部门报告。

（二）工程进度控制的方法和措施

1. 审查施工单位的施工进度计划，核查其进度计划是否合理、详细，审查其确保工期措施的可行性，提出合理调整建议。

2. 施工单位进度计划安排合理、详细，工期保证措施可行，总监理工程师签署进度计划报审表。当进度计划不能满足工期要求时，监理单位拒绝签署进度计划报审表，拒绝签署开工令，敦促施工单位调整进度计划，直至进度计划满足工期要求为止。

3. 监理单位在施工过程中监督施工单位必须按照进度计划的要求完成相应的工程项目和工程量，当实际施工进度同计划出现偏差时，要求施工单位采取合理的整改措施进行弥补。

4. 要求施工单位制定进度控制的关键节点，监理单位重点检查关键节点的进度计划是否完成。

5. 当施工单位进度出现较大偏差不能及时调整、弥补时，监理单位下发暂时停工令，组织召开进度协调会议，分析原因，制定纠偏措施后下发复工令。对于因施工单位原因造成的工期延误，将按照合同约定进行相应处罚，对于非施工单位原因造成的工期延期，施工单位提出费用索赔的，监理单位予以公平、公正处理。

（三）工程费用控制的方法和措施

1. 各工序部位施工完成后，施工方按照已签认的工程量原始记录或实测单编制工程量签证单，监理人员审核已完成工序部位的工程量，确定无误后由专业监理工程师签证。

2. 对施工单位将报验不合格的材料或没有报验的材料进场使用，或工序部位质量报验不合格或没有报验，监理人员拒绝签证该工序部位的工程量，不予进入工程进度款支付。

3. 文物建筑修缮的特点决定了文物修缮工程在实施工程中，尤其在拆解构件后会发现与设计方案不相符合的地方，工程变更在所难免，这是文物建筑修缮工程投资控制的难点。监理单位在监理过程中要求施工单位发现实际情况同设计图纸不一致时及时停工上报，监理人员会在对事实调查清楚的基础上，结合文物修缮保护的原则和基本理念，结合自身丰富的文物保护经验，就是否进行变更给出合理的建议供业主方和设计方参考，严格控制工程变更和签证，从而控制工程投资。

4. 对于必须进行设计变更的，监理单位会敦促设计单位尽快出具设计变更手续，并在监理过程中严格审核施工单位实际工程量是否同设计变更的工程量相符。

5. 监理单位将按照国家有关法律法规、工程施工合同对工程产生的各项费用纠纷进行公平、公正处理。

（四）工程安全生产管理的方法和措施

1. 审查施工单位的现场安全管理体系

施工单位现场安全管理体系包括安全管理组织机构及责任分工、各项安全管理制度、各项安全专项方案、安全事故的处理措施等。监理单位应重点审查施工单位管理组织机构是否健全，责任分工是否明确，管理制度是否健全并切合工程实际，各项安全专项方案是否完备可行，出现安全问题的处理措施及应急措施是否合理有效。对于现场安全管理体系审查未通过的，监理单位拒绝下达开工指令。

2. 现场安全的检查

监理单位应对现场安全进行检查，安全检查形式包括定期安全检查、日常安全检查、季节性安全检查、开工复工安全检查、专项检查等。

定期安全检查：监理单位每月至少组织业主单位、施工单位开展一次定期安全检查，检查内容应涉及现场安全的各个方面。

日常安全检查：监理人员在每天的监理工作中要对安全进行日常检查，及时发现每天的安全隐患。

季节性安全检查：因季节气候变化，可能对工程安全生产造成不利影响时，监理单位应及时组织进行季节性安全检查，排查安全隐患。

开工复工安全检查：在开工复工申请前，监理单位应组织进行安全检查，确保现场安全后签署开工令和复工令。

专项安全检查：古建筑拆卸、归安、隐蔽部位施工、特殊工艺施工时，应组织进行专项安全检查，确保文物建筑构件的安全。

各项安全检查完毕后，施工单位应填写《安全检查记录》，说明检查发现的问题及整改措施，参加检查的各方均应在《安全检查记录》上签字，监理单位应监督《安全检查记录》如实填写，监督施工单位对存在的安全问题尽快整改到位。

3. 文物保护工程安全检查的重点环节

（1）施工人员安全

对于施工人员的安全防护用品，应重点检查安全带、安全帽、护目镜等防护用品质量是否符合要求，是否配备齐全完善。

对于人员应加强岗前安全培训，严禁酒后施工和疲劳施工，做好高温等恶劣天气的施工安排，调整施工时间或及时停工。

对于危险部位的边沿、坑口应加护栏、封盖，设置必要的安全警示标识或设备。

（2）文物安全

文物安全包括修缮对象本体的安全及文物周边设施的安全。

文物本体安全控制要点：

脚手架搭建应符合规范要求，距离文物本体应留有保护距离，如直接接触文物本体的应在接触部位加设软性垫进行保护。

除脊件、瓦件等可以放在修缮完工后的屋面以外（随用随放），任何物件（脚手架、钢管，物资、大重量的设备）不得以文物本体作为承重对象。

施工现场严禁吸烟、明火。

符合现场用电、用火及消防安全的规定。

条件满足时应为修缮的文物本体加盖保护棚，条件不具备的应在每日修缮完工后及时对文物本体进行遮挡、覆盖保护。

施工时应小心谨慎，避免野蛮施工。

构件的拆卸、维修等应严格按照施工组织设计工序进行，做好支顶保护措施，轻拿轻放。做好记录，做好拆卸构件的布置和保护。

文物内及周边安全控制要点：

文物建筑内的设施能移出的应尽量移出，在修缮完成后恢复原位，不具备移出条件的应加盖保护罩棚，确保文物建筑内部设施的安全。

施工过程中应保持文物建筑周边环境的整洁，保证周边古树、安防、基础设施的安全。

（3）临时用电安全

大中型机械应指派专职人员指挥、操作；小型及电动工具由专职人员操作和使用。设备的操作人员应有上岗证。施工前应对设备进行检查，施工时检查运转情况。使用后及时保养。

所有临时用电由专业电工负责，其他人员禁止接驳电源。

按照施工现场临时用电规范布置。

（4）消防安全

消防器材安放处应有明显的标记。

工地现场使用明火的地方，应有专人值守，做到人走火灭。

修缮区内不得抽烟；各种易燃材料、废料应及时清理，不得随意堆放，保持现场整洁。

监理人员应按古建筑保护工程消防工作要求，认真检查工地的消防设施，检查施工单位的消防安全的组织及各项制度的落实情况。施工单位应对工地的易燃物资及时采取措施，监理人员应和施工单位每天检查其料场、工作场地、用电设施等场所，发现隐患应及时消除。

4. 重要阶段与部位的安全监理

在对古建筑进行拆卸、归安、隐蔽部位施工、特殊工艺施工或监理工程师认为有必要的阶段和部位的施工时，开工前施工单位应向项目监理机构提交施工安全预防计划、应急计划。在施工过程中须严格执行国家有关文物安全法规，按要求实施，监理工程师应旁站监理，并现场检查安全措施落实情况，符合要求予以签认。

5. 安全工作的交接班制度

工地监理人员应要求施工单位完善文物安全交接制度，责任落实到人，加强施工期间的文物安全工作，每天应有安全工作记录，经监理人员审核签认。未经安全工作审签的，不得进入下一个工作日的施工。

6. 落实安全应急预案

修缮中如遇雨、风、冰雹等极端天气，或出现安全事故时，监理人员应敦促施工单位及时启动安全应急预案，确保人员和文物安全。

7. 安全问题处理

监理单位敦促施工单位对检查中发现的安全隐患问题应及时整改。施工单位应在整改后，向监理单位提交整改报告备查。凡是有即发型事故危险隐患的，监理单位应责令停工，施工单位必须立即整改，并经监理单位复查合格后方可继续修缮。对于未及时整改到位的安全问题和隐患，监理单位应及时发出监理工程师通知单，责令施工单位限期整改，并根据现场安全管理制度予以处理，直至整改完成为止。

发生安全事故应逐级上报，重大安全事故必须第一时间上报业主单位及地方文物行政管理部门。

（五）工程合同管理及信息管理的方法和措施

1. 项目监理部进驻现场后，应及时收集与工程相关的合同，并与业主联系，掌握工程项目的合同结构（分包商数量、分包专业项目、项目合同标段的划分等），编制合同管理台账。

2. 总监理工程师组织熟悉和研究合同内容，充分理解合同内条款，对合同中有明显违背国家和地方有关法律法规、规范标准的内容及明显不合理之处，书面向合同签订双方予以指出，提醒注意修改。

3. 根据合同内容检查项目部的工作制度，重点关注与合同内容联系较为密切的工程变更处理、现场签证、工程计量、工程款支付、索赔处理、合同争议等工作制度。

4. 在工程进行过程中，监理工程师应定期检查合同履行状况。

5. 根据合同进行工程管理，处理合同争议和索赔事项，按照合同规定审核工程变更、现场签证、计量、工程支付事项。

6. 在工程竣工验收后，对合同文件及时进行收集、整理、存档。

7. 监理单位收集、管理工程进行过程中的各种形式的信息，将这些信息归档保存，监理单位获取工程各类信息的途径是业主单位和施工单位，监理单位按照有关规定进行资料建档，监理单位协助业主单位管理工程各类信息和资料，敦促施工单位按照要求完善施工类信息和资料。

（六）工程协调的方法和措施

建立工程各方沟通联系的渠道，出现有需要协调的问题时由监理单位组织相关方召开协调会，对问题协商解决，对于协商达成一致意见的由监理单位记录形成会议记录，各方会签，按照协商一致的意见实施。

监理单位依据法律法规、文物保护工程的有关规定，行业规范和各方签订的合同，公平公正处理工程协调问题，对于各方应承担的义务督促各方落实。

对于有关方拒不按照协调达成的一致意见实施的，监理单位发出工作联系单敦促其实施，仍未实施的，监理单位将如实记录真实情况，为下步的协调工作提供证据。

对于协调未果的问题，监理单位将记录问题内容，帮助各方寻求其他协调途径。

七、监理工作制度

根据文物保护工程的特点，结合工程实际情况，监理单位制定了以下工作制度：图纸会审制度、设计技术交底制度、施工组织设计报审制度、开工报审制度、工程材料、设备报审制度、施工工序质量报审制度、隐蔽工程验收制度、工程变更制度、阶段性验收制度、竣工验收制度。

监理单位将工作制度向工程各方进行传达，使各方明确工程实施的各项程序，为工程的顺利进行提供支持约束。

第四章　工程实录

2022 年 3 月 30 日　天气：阴　温度：11 摄氏度～18 摄氏度

施工情况：

1. 3 号楼搭设脚手架。

2. 施工人员 6 人。

监理情况：

1. 监理人员进场，了解工程情况和文物建筑现状。

2. 检查脚手架搭设情况，符合要求。现场提醒施工单位要按照规范要求搭设脚手架，保证结构安全，同时要保证外观美观。

会议情况：

建设单位组织施工单位、监理单位召开第一次工地会议，建设单位在会议上强调了工程的重要性，对工程安全、质量、进度、文明施工等方面提出了要求，会议内容详见纪要。

脚手架搭设情况

第一次工地会议

河南省文物考古研究院 1 号楼、2 号楼、3 号楼

修缮工程项目第一次工地会议

一、会议时间：2022 年 3 月 30 日

二、会议地点：考古院会议室

三、参会人员：

建设单位：河南省文物考古研究院

刘海旺、沈锋、孙凯、许鹤立

施工单位：河南省龙源古建园林技术开发公司

李孟刚、宋成民

监理单位：河南安远文物保护工程有限公司

张增辉、牛远超

四、会议内容：

2022 年 3 月 30 日上午，河南省文物考古研究院 1 号楼、2 号楼、3 号楼修缮工程项目召开第一次工地会议，会议由建设单位河南省文物考古研究院组织，本工程施工单位、监理单位相关人员参加会议。

会议首先介绍了各方的主要负责人员，建设单位强调了工程施工过程中的质量控制、安全控制等问题，要求施工单位、监理人员加强工程管理，严格遵守文物保护原则。会议内容纪要如下：

（一）首先介绍了本项目负责人

建设单位代表：孙凯

施工单位现场负责人：宋成民

监理单位项目总监：牛远超

（二）建设单位对工程提出要求

1. 河南省文化局文物工作队旧址是省古建院和省考古院的办公旧址，今年是建院70周年，本次修缮工程也是建院70周年工作的一项内容，施工单位、监理单位要提高认识，把工程做好。

2. 把安全放在第一位，要确保施工人员和文物建筑的安全，注意临时用电安全，施工过程中做好防火措施，避免发生安全事故。

3. 要把工程质量放在重要位置，杜绝偷工减料、以次充好的情况。施工过程也是研究的过程，施工过程中如果出现新的问题要及时同设计单位沟通解决。风貌上要修旧如旧，工艺上要精益求精。监理人员要严把质量关，监督施工单位按照相关规范要求施工。

4. 目前这三个建筑存在墙根、基础部位排水不畅、返潮的问题，本次修缮工程要对这一问题进行解决。

5. 要做到文明施工，围挡搭设要美观、富有创意，建立工地良好的形象。

6. 施工工期方面，在保证工程安全和工程质量的前提下，工程进度尽量往前赶，如果条件满足的话尽量三个单体同时施工。

7. 施工过程中各单位要加强沟通。

8. 要做好新冠疫情防控措施，落实好防疫政策。

2022年3月31日　天气：晴　温度：9摄氏度～16摄氏度

施工情况：

1. 3号楼搭设脚手架。

2. 施工人员6人。

监理情况：

1. 检查3号楼脚手架搭设情况，符合要求。提醒施工单位按照规范要求搭设扶梯。

2. 提醒高处作业人员注意施工安全。严禁高空抛物。

3 号楼搭设脚手架

3 号楼搭设脚手架

2022 年 4 月 1 日　天气：晴　温度：7 摄氏度～19 摄氏度

施工情况：

1. 3 号楼搭设脚手架。

2. 施工人员 6 人。

监理情况：

1. 检查脚手架搭设情况，符合要求。提醒施工单位脚手架搭设要牢固。

2. 了解施工单位施工计划。

3 号楼搭设脚手架

3 号楼搭设脚手架

2022 年 4 月 2 日　天气：晴　温度：8 摄氏度～19 摄氏度

施工情况：

1. 3 号楼脚手架挂设安全网。

2. 拆卸 3 号楼屋面瓦件。

3. 施工人员 6 人。

监理情况：

1. 检查 3 号楼脚手架搭设情况，发现两山面未搭设护栏，存在安全隐患，要求施工单位按照要求搭设护栏。

2. 检查 3 号楼屋面瓦件拆卸情况，符合要求。提醒屋面施工人员注意施工安全，施工前先检查屋面基层是否牢固，排查安全隐患，确保施工安全。

3 号楼脚手架挂设安全网

3 号楼屋面瓦件拆卸

2022 年 4 月 3 日　天气：多云　温度：10 摄氏度～20 摄氏度

施工情况：

1. 3 号楼脚手架搭设两山面护栏，挂设安全网。

2. 3 号楼拆卸屋面瓦件，瓦件下房码放。

3. 施工人员 7 人。

监理情况：

1. 上架检查脚手架搭设情况，符合要求。

2. 检查 3 号楼屋面瓦件拆卸情况，符合要求。

3 号楼脚手架挂设安全网

3 号楼屋面瓦件拆卸

2022 年 4 月 4 日　天气：多云　温度：14 摄氏度～24 摄氏度

施工情况：

1. 3 号楼拆卸屋面瓦件，拆卸糟朽的挂瓦条、顺水条、望板等木构件。

2. 进场板材 2000 平方米。

3. 施工人员 7 人。

监理情况：

1. 检查 3 号楼糟朽木构件拆卸情况，提醒施工人员拆除过程中谨慎施工，能够继续使用的木构件要继续利用。

2. 检查进场板材外观质量，核对质量证明文件，质量合格。

拆卸 3 号楼糟朽木构件（1）

拆卸 3 号楼糟朽木构件（2）

板材进场

2022 年 4 月 5 日　天气：晴　温度：12 摄氏度～29 摄氏度

施工情况：

1. 2 号楼搭设脚手架。

2. 木工制作 3 号楼檩条。

3. 3 号楼垃圾清运。

4. 进场圆木 100 根，进场桐油 500 公斤。

5. 施工人员 9 人。

监理情况：

1. 检查 2 号楼脚手架搭设情况，符合要求。

2. 检查 3 号楼檩条加工情况，抽检檩条各部位尺寸，符合要求。

3. 进场圆木外观质量，质量合格。

2 号楼搭设脚手架

木工制作 3 号楼檩条

2022 年 4 月 6 日　天气：晴　温度：13 摄氏度～22 摄氏度

施工情况：

1. 3 号楼拆卸屋面损坏严重的檩条。

2. 3 号楼北山前檐糟朽挑檐梁用槽钢加固。

3. 木工制作并安装 3 号楼需要补配的檩条。

4. 铲除 3 号楼室内需要加固部位墙体内粉。

5. 2 号楼搭设脚手架。

6. 施工人员 13 人。

监理情况：

1. 现场查看 3 号楼大木架残损情况，同施工单位一起初步确定需要更换的构件，最终方案需要设计单位确定。

2. 检查 3 号楼檩条制作、安装情况，符合要求。提醒施工人员注意安全，木工场地严禁抽烟。

3. 检查 3 号楼墙体内粉铲除情况，现场发现铲除过程中存在破坏墙砖的情况，要求施工单位谨慎施工，不要破坏墙砖。

4. 建设单位提出 2 号楼需要先搭设围挡，确保施工安全，然后再进行施工。三方人员现场确定施工场地范围后，监理人员督促施工单位尽快搭设围挡，保证施工安全。

3 号楼拆卸屋面损坏严重的檩条

木工制作并安装 3 号楼需要补配的檩条

铲除 3 号楼室内需要加固部位墙体内粉

2 号楼搭设脚手架

2022 年 4 月 7 日　天气：晴　温度：8 摄氏度～25 摄氏度

施工情况：

1. 3 号楼屋面安装檩条。

2. 铲除 3 号楼室内墙体内粉。

3. 2 号楼搭设脚手架，搭设围挡。

4. 木工制作 3 号楼需要补配的博缝板、遮檐板、望板等构件。

5. 施工人员 13 人。

监理情况：

1. 检查 3 号楼屋面檩条安装情况，符合要求。要求施工单位对不需要更换的大木构件进行检查，对松动、劈裂情况进行维修。

2. 检查 3 号楼墙体内粉铲除情况，符合要求。

3. 检查 2 号楼脚手架、围挡搭设情况，符合要求。

4. 检查 3 号楼博缝板、遮檐板、望板制作情况，符合要求。

3 号楼屋面安装檩条

铲除 3 号楼室内墙体内粉

2022 年 4 月 8 日　天气：晴　温度：12 摄氏度～31 摄氏度

施工情况：

1. 3 号楼修补劈裂檩条，安装博缝板，铺设望板。

2. 清理 3 号楼下房瓦件。

3. 木工制作需要补配的木构件。

4. 进场自粘防水卷材 500 卷。

5. 施工人员 13 人。

监理情况：

1. 检查 3 号楼檩条维修情况，发现施工单位未按照设计方案要求对劈裂檩条进行维修，要求施工单位整改。

2. 检查 3 号楼望板铺设和博缝板安装情况，符合要求。

3. 检查防水卷材外观质量，核对合格证明文件。

会议情况：

建设单位组织设计单位、施工单位、监理单位召开图纸会审和设计交底会议，会议上施工单位和监理单位提出了图纸中存在的疑问，设计单位进行了答疑，内容详见会议纪要。

3 号楼修补劈裂檩条

3 号楼铺设望板

3 号楼安装博缝板

图纸会审与设计交底会

河南省文物考古研究院 1 号楼、2 号楼、3 号楼修缮工程项目

图纸会审与设计交底会议

一、时间：2022 年 4 月 8 日

二、地点：工程施工现场及建设单位会议室

三、参会人员：

建设单位：刘海旺 沈锋 孙凯 许鹤立

施工单位：李孟刚 宋成民

设计单位：王卓

监理单位：张增辉 牛远超

四、会议内容：

4 月 8 日下午，河南省文物考古研究院 1 号楼、2 号楼、3 号楼修缮工程项目建设单位河南省文物考古研究院组织召开图纸会审与设计交底会议，设计单位、施工单位、监理单位相关人员参加会议，就工程中有关设计图纸的问题进行商讨解决。现将会议具体内容纪要如下：

（一）施工方提出图纸中有关问题：

1. 现在建筑周边均为绿化，是否还做散水？

2. 2 号楼室内地面后人基本填平到与院内标高一致，是否按照设计方案进行提升？

3. 3 号楼 1–5 轴线后人已完成墙体室内抹灰，是否进行墙体加固？

4. 有部分门窗被后人改造为塑钢窗、铁门，如何处理？

5. 一层地面提升后，门是否根据门洞口尺寸制作，上部亮窗是否保留？

6. 设计要求屋面在望板上增设护板灰及加厚油毡，但在拆卸屋面后发现原做法是在望板上直接做一层油毡，是否按照设计施工？或是按照屋面原做法施工？目前老式油毡在市场上买不到，是否可以调整为新式材料？

7. 设计方案中没有室内吊顶的维修内容，工程量清单中有室内吊顶的工程量，如何施工？

8. 墙体后人增加的外粉如何处理？设计方案中未要求清理，但是工程量清单中有这一项内容。

（二）设计单位对图纸中有关问题进行答复：

1. 散水按照设计图纸要求施工，1、2 号楼后墙散水由建设单位协调社区解决绿化问题。

2. 室内地面标高提升按照建设单位指定的水平基准点施工，1～3 号楼提升室内标高为 12 厘米～15 厘米，室内标高比前廊标高高 3 厘米～5 厘米。

3. 墙体加固按照设计图纸要求施工。

4. 门窗按照原材料、原形制、原工艺进行修复。

5. 一层地面提升后的门的高度根据现场情况确定，上部亮窗影响门的净高的情况下亮窗不予保留。

6. 屋面做法采取文物建筑原施工工艺，不做护板灰，油毡材料调整为自粘聚合物改性沥青防水卷材，防水铺设 2 层。

7. 室内二层吊顶采用轻钢龙骨吊顶。

8. 按照文物保护原则使用人工对外墙涂层进行清理，施工前在隐蔽部位做小范围试验。

2022 年 4 月 9 日　天气：晴　温度：17 摄氏度～34 摄氏度

施工情况：

1. 3 号楼安装遮檐板，屋面铺设望板、铺设防水卷材。

2. 进场红机瓦 2000 块。

3. 施工人员 13 人。

监理情况：

1. 检查 3 号楼屋面遮檐板、望板安装情况，符合要求。

2. 旁站检查 3 号楼屋面防水卷材铺设情况，存在基底清理不干净、卷材铺设局部褶皱的问题，现场要求施工单位对防水卷材基底进行彻底清理，要求施工单位对铺设不平整、皱褶的部位进行处理，避免存在黏结不牢固的情况。

3. 检查施工单位提供的防水卷材的合格证和检验报告。

3 号楼安装遮檐板

3 号楼铺设防水卷材

2022 年 4 月 10 日　天气：晴　温度：15 摄氏度～34 摄氏度

施工情况：

1. 3 号楼屋面铺设防水卷材，铺钉顺水条和挂瓦条。

2. 施工人员 13 人。

监理情况：

1. 旁站检查 3 号楼屋面防水铺设情况，存在隔离纸未揭干净的问题，要求施工单位严格按照规范要求施工，确保黏结牢固。

2. 检查顺水条和挂瓦条铺钉情况，符合要求。

3 号楼铺设防水卷材

3 号楼铺钉顺水条和挂瓦条

2022 年 4 月 11 日　天气：晴　温度：21 摄氏度～34 摄氏度

施工情况：

1. 3 号楼屋面铺钉压毡条和挂瓦条。

2. 3 号楼屋面挂瓦。

3. 施工人员 13 人。

监理情况：

1. 检查压毡条和挂瓦条铺钉情况，符合要求。

2. 旁站检查 3 号楼屋面挂瓦施工情况，发现存在瓦件松动、起翘的情况，要求施工单位对松动、起翘部位进行重新挂瓦。

3. 要求施工人员对施工产生的垃圾进行清运。

3 号楼屋面铺钉压毡条和挂瓦条

3 号楼屋面挂瓦

2022 年 4 月 12 日　天气：小雨转阴　温度：14 摄氏度～24 摄氏度

施工情况：

因雨，屋面湿滑，停工一天。

监理情况：

整理近期监理资料。

2022 年 4 月 13 日　天气：多云转晴　温度：11 摄氏度～21 摄氏度

施工情况：

1. 3 号楼屋面前坡挂瓦，砌筑脊瓦。
2. 铲除 3 号楼二层墙体空鼓内粉。
3. 3 号楼加工、安装屋檐板条天棚。
4. 搭设 2 号楼脚手架，拆卸屋面瓦件。
5. 施工人员 13 人。

监理情况：

1. 检查 3 号楼屋面挂瓦、砌脊情况，要求施工单位禁止使用破裂瓦件，要求施工单位注意灰浆比例，灰浆拌和要均匀。

2. 检查3号楼二层墙体空鼓内粉铲除情况，要求施工人员谨慎施工，不要破坏墙砖。

3. 检查3号楼屋面天棚板条制作、安装情况，抽检板条尺寸，符合要求。

4. 检查2号楼屋面瓦件拆卸情况，提醒施工人员注意施工安全。

3号楼屋面前坡挂瓦

铲除3号楼二层墙体空鼓内粉

3 号楼加工、安装屋檐板条天棚

搭设 2 号楼脚手架，拆卸屋面瓦件

2022 年 4 月 14 日　天气：阴　温度：9 摄氏度～18 摄氏度

施工情况：

1. 3 号楼屋面挂瓦、砌脊。

2. 铲除 3 号楼二层墙体空鼓内粉。

3. 3 号楼加工、安装屋檐板条天棚。

4. 拆卸 2 号楼屋面瓦件。

5. 施工人员 13 人。

监理情况：

1. 检查 3 号楼屋面挂瓦、砌脊施工情况，存在使用破损瓦件的情况，要求施工去掉破损瓦件，禁止使用不合格瓦件。

2. 检查 3 号楼墙内内粉铲除情况，提醒施工人员注意施工安全。

3. 检查 3 号楼屋檐天棚板条制作、安装情况，符合要求。

4. 检查 2 号楼屋面瓦件拆卸情况，提醒施工单位及时洒水，抑制扬尘。

3 号楼屋面挂瓦、砌脊

铲除 3 号楼二层墙体空鼓内粉

3号楼加工、安装屋檐板条天棚

拆卸2号楼屋面瓦件

2022年4月15日　天气：多云　温度：11摄氏度～17摄氏度

施工情况：

1. 3号楼封山施工。

2. 3号楼制作、安装屋檐天棚板条。

3. 2号楼搭设南山面脚手架，拆卸屋面瓦件。

4. 2号楼铲除墙体空鼓内粉。

5. 施工人员13人。

监理情况：

1. 检查 3 号楼屋面封山施工情况，符合要求。

2. 检查 3 号楼屋檐天棚板条制作、安装情况，存在水平度不符合要求的问题，要求施工单位对不符合要求的部位进行重新调整安装。

3. 要求施工单位拆卸屋面过程中及时洒水，抑制扬尘，文明施工。

4. 检查 2 号楼墙体内粉铲除情况，符合要求。

3 号楼封山施工

2 号楼搭设南山面脚手架，拆卸屋面瓦件

2022 年 4 月 16 日　天气：多云　温度：7 摄氏度～18 摄氏度

施工情况：

1. 拆卸 2 号楼屋面瓦件，拆卸挂瓦条、顺水条、望板等糟朽木构件。

2. 木工加工 2 号楼需要补配的檩条，望板刷桐油防腐处理。

3. 施工人员 13 人。

监理情况：

1. 检查 2 号楼屋面构件拆卸情况，符合要求。

2. 检查 2 号楼望板防腐处理情况，符合要求。

拆卸 2 号楼屋面瓦件

木工加工 2 号楼需要补配的檩条，望板刷桐油防腐处理

2022 年 4 月 17 日　天气：多云　温度：10 摄氏度～20 摄氏度

施工情况：

1. 2 号楼南 1 间安装檩条，屋面铺设望板，安装博缝板。

2. 2 号楼清运垃圾。

3. 施工人员 13 人。

监理情况：

1. 检查 2 号楼屋面檩条安装情况，检查檩条安装的水平度和顺直度，符合要求。

2. 检查 2 号楼望板安装情况，局部存在板缝过大的问题，要求施工单位进行整改。

2 号楼南 1 间安装檩条

2 号楼屋面铺设望板，安装博缝板

2022年4月18日　天气：晴　温度：9摄氏度～22摄氏度

施工情况：

1. 2号楼安装遮檐板，屋面铺设自粘防水卷材。

2. 2号楼铲除墙体内粉。

3. 施工人员13人。

监理情况：

1. 检查2号楼屋面防水铺设情况，符合要求。

2. 检查2号楼墙体内粉铲除情况，存在铲除面积过大的问题，要求施工单位按照设计方案施工，仅对残损内粉进行铲除。

2号楼安装遮檐板

2号楼屋面铺设自粘防水卷材

2022 年 4 月 19 日　天气：晴　温度：9 摄氏度～27 摄氏度

施工情况：

1. 2 号楼屋面铺设防水卷材，铺钉顺水条和挂瓦条。

2. 2 号楼铲除墙体内粉。

3. 3 号楼安装屋檐天棚板条。

4. 施工人员 13 人。

监理情况：

1. 检查 2 号楼屋面防水施工情况，检查黏结牢固程度，抽检搭接情况，符合要求。

2. 检查 2 号楼屋面顺水条、挂瓦条铺钉情况，抽检挂瓦条间距，符合要求。

3. 检查 3 号楼屋檐天棚施工情况，遮檐板存在劈裂情况，要求施工单位将劈裂构件进行更换。

4. 建设单位组织设计单位、施工单位、监理单位三方人员召开会议，商讨墙体外粉、窗户施工方案问题。建设单位提出需要对后人增加的墙体外粉进行清理，恢复文物建筑原貌，施工单位可以首先对试验段进行施工，效果满足要求后再大面积施工。对于窗户施工方案，建设单位建议在不改变文物原貌的情况下在木窗内侧安装断桥铝窗，满足使用功能。

5. 根据建设单位要求，监理人员督促施工单位加强安全文明施工措施，施工人员必须穿戴安全帽和反光背心，布置好安全文明施工标识标语。

2 号楼屋面铺设防水卷材

2 号楼铺钉顺水条和挂瓦条

2022 年 4 月 20 日　天气：晴　温度：13 摄氏度～28 摄氏度

施工情况：

1. 2 号楼屋面挂瓦施工。

2. 铲除 2 号楼墙体内粉。

3. 3 号楼铺钉屋檐天棚板条。

4. 施工人员 13 人。

监理情况：

1. 旁站检查 2 号楼屋面挂瓦施工情况，检查挂瓦牢固程度。现场检查发现存在使用破裂瓦件和山面第一排瓦折度与整个坡面不顺的问题，现场要求施工单位严禁使用破裂瓦件，并调整檐口处挂瓦条高度，使坡面折度一致。

2. 检查 3 号楼屋檐天棚板条铺钉情况，符合要求。

2 号楼屋面挂瓦施工

铲除 2 号楼墙体内粉

2022 年 4 月 21 日　天气：晴　温度：14 摄氏度～31 摄氏度

施工情况：

1. 2 号楼屋面后坡挂瓦施工。

2. 2 号楼铺钉屋檐天棚板条。

3. 1 号楼铲除墙体内粉。

4. 3 号楼屋檐天棚板条油漆施工。

5. 施工人员 13 人。

监理情况：

1. 检查 2 号楼挂瓦施工情况，符合要求。

2. 检查 2 号楼屋檐天棚板条铺钉情况，存在板条扭曲变形的问题，要求施工单位重新铺钉不合格部位。

3. 要求施工单位按照设计方案进行油漆，保证工程质量。

4. 查看墙体外粉清理实验段施工情况，清理不够彻底，要求继续清理。

2 号楼屋面后坡挂瓦施工

2 号楼铺钉屋檐天棚板条

2022 年 4 月 22 日　天气：多云　温度：16 摄氏度～23 摄氏度

施工情况：

1. 2 号楼屋面砌脊施工。

2. 2 号楼屋面铺钉屋檐天棚板条。

3. 清理 2 号楼后檐墙后加外粉。

4. 铲除 1 号楼二层墙体内粉。

5. 木工加工 1 号楼遮檐板。

6. 施工人员 15 人。

监理情况：

1. 检查 2 号楼屋面砌脊施工情况，提醒施工单位注意灰浆比例。

2. 检查 2 号楼天棚板条施工情况，符合要求。

3. 检查 2 号楼后檐墙外粉清理情况，未清理干净，要求施工单位继续清理。要求施工人员在清洗外墙面时不要将木构件淋湿。

2 号楼屋面砌脊施工

2 号楼屋面铺钉屋檐天棚板条

2022 年 4 月 23 日　天气：晴　温度：18 摄氏度～29 摄氏度

施工情况：

1. 2 号楼拆卸脚手架。

2. 拆卸 3 号楼窗户。

3. 清理 2 号楼后檐墙后加外粉。

4. 施工人员 15 人。

监理情况：

1. 检查 2 号楼脚手架拆卸情况，提醒施工人员注意施工安全。

2. 检查 3 号楼窗户拆卸情况，要求施工单位谨慎施工，保护好文物构件。

2 号楼拆卸脚手架

清理 2 号楼后檐墙后加外粉

2022 年 4 月 24 日　天气：晴　温度：18 摄氏度～31 摄氏度

施工情况：

1. 2 号楼拆卸脚手架。

2. 2 号楼清理外墙面后加外粉。

3. 1 号楼铲除墙体内粉。

4. 施工人员 15 人。

监理情况：

1. 检查 2 号楼油漆施工情况，表面颜色不均匀，要求施工单位继续进行处理。

2. 检查 1 号楼墙体内粉铲除情况，提醒施工人员注意施工安全。

3. 建设单位刘院长、沈书记查看 2 号楼墙体外粉清理试验段施工情况，认为清理效果满足要求，同意大面积施工。

2 号楼清理外墙面后加外粉

查看墙体外粉清理试验段施工

2022 年 4 月 26 日　天气：阴　温度：18 摄氏度～28 摄氏度

施工情况：

1. 1 号楼搭设脚手架。铲除墙体内粉。

2. 2 号楼清理外墙面后人增加粉饰。

3. 3 号楼清理外墙面后人增加粉饰。

4. 施工人员 18 人。

监理情况：

1. 检查 1 号楼脚手架搭设情况，要求施工单位及时搭设围挡。

2. 检查 2、3 号楼墙体外粉清理情况，局部清理不彻底，要求施工单位继续清理。

3. 现场检查发现新进场人员未佩戴安全帽，要求施工单位给施工人员配发安全帽。

4. 要求施工单位将拆卸下来的门窗妥善保管，能够继续使用的构件要继续使用，保存较好、不影响本次施工的构件严禁拆卸。

2 号楼清理外墙面后人增加粉饰

3 号楼清理外墙面后人增加粉饰

2022 年 4 月 27 日　天气：阵雨　温度：17 摄氏度～22 摄氏度

施工情况：

1. 1 号楼搭设脚手架。清理后檐墙、南山墙处紧挨建筑的植被。

2. 1 号楼、2 号楼拆除室内吊顶。

3. 3 号楼清理后檐墙后人增加外粉。

4. 3 号楼前檐墙后人增加面层切除实验段施工，切除深度约 2 厘米。

5. 施工人员 23 人。

监理情况：

1. 检查 1 号楼脚手架搭设情况，符合要求。

2. 检查 3 号楼后檐墙外粉清理情况，符合要求。

3. 建设单位刘院长、沈书记现场查看 3 号楼切除外粉施工情况，建议施工单位将原红砖墙面比较平整的位置作为实验段施工。

1 号楼搭设脚手架

2 号楼拆除室内吊顶

2022 年 4 月 28 日　天气：雨转阴　温度：7 摄氏度～19 摄氏度

施工情况：

1. 2 号楼铲除墙体内粉。

2. 3 号楼清理后檐墙后人增加粉饰，切除南山墙和前檐墙后人增加面层。

3. 施工人员 23 人。

4. 上午 9 点因雨停工。

监理情况：

1. 检查 3 号楼南山墙和前檐墙面层切除施工情况，机切痕迹过于明显，要求施工单位进行处理。

2. 建设单位组织街道办、城管局、园林局、施工单位、监理单位相关人员召开现场会议，商讨 1、2 号楼后檐墙散水需要占压绿化用地的问题。

切除 3 号楼南山墙增加面层

相关人员召开现场会议

2022 年 4 月 29 日　天气：晴　温度：6 摄氏度～21 摄氏度

施工情况：

1. 1 号楼拆卸屋面瓦件，拆卸挂瓦条、望板等木基层构件。

2. 3 号楼后檐墙清理后人增加外粉，前檐墙和南山墙切除后人增加的面层，切除厚度约 2 厘米。

3. 施工人员 23 人。

监理情况：

1. 检查 1 号楼屋面拆卸情况，要求施工单位拆卸望板时谨慎施工，能够继续使用的构件要继续使用。

2. 检查 3 号楼后檐墙粉刷层清理情况，发现粉刷层下有早期标语，征求建设单位意见后要求施工单位对标语进行保留。

3. 要求施工单位切除墙体面层施工时做好防尘措施，文明施工。

1 号楼拆卸屋面瓦件

1 号楼拆卸望板等木基层构件

3 号楼后檐墙清理后人增加外粉

2022 年 4 月 30 日　天气：阴　温度：12 摄氏度～18 摄氏度

施工情况：

1. 1 号楼拆卸室内吊顶，更换糟朽严重的檩条。

2. 3 号楼后檐墙清理后人增加粉饰，前檐墙、北山墙切除后人增加面层。

3. 木工加工檩条等木构件。

4. 施工人员 18 人。

监理情况：

1. 检查 1 号楼檩条修缮情况，符合要求。检查檩条加工制作情况，符合要求。

2. 提醒施工人员拆除室内吊顶时注意安全。

3. 检查 3 号楼墙体面层切除情况，符合要求。

1 号楼拆卸更换糟朽严重的檩条

木工加工檩条等木构件

4 月监理月报

一、本期工程情况评述

本期工程时间为：

2022 年 3 月 30 日至 2022 年 4 月 30 日

本期主要施工情况：

2022 年 3 月 30 日，本项目开工，施工人员、机械、材料陆续进场。

1 号楼：搭设脚手架，拆卸屋面瓦件，拆卸屋面老旧防水材料，拆卸屋面基层糟朽严重的望板、挂瓦条、顺水条、遮檐板、博缝板等木构件，拆卸糟朽严重的天棚板条、木龙骨等木构件，拆卸糟朽严重、需要更换的檩条等木构件，木工制作需要补配的檩条、望板、挂瓦条、顺水条、遮檐板、博缝板等木构件。

2 号楼：搭设脚手架，拆卸屋面瓦件，拆卸屋面老旧防水材料，拆卸屋面基层糟朽严重的望板、挂瓦条、顺水条、遮檐板、博缝板等木构件，拆卸糟朽严重的天棚板条、木龙骨等木构件，拆卸糟朽严重、需要更换的檩条等木构件，对劈裂檩条进行黏结加固，木工制作需要补配的檩条、望板、挂瓦条、顺水条、遮檐板、博缝板等木构件，安装檩条，安装遮檐板和博缝板，铺设自粘型防水卷材两道，铺钉挂瓦条和顺水条，屋面挂瓦、砌脊。清理后人增加的墙体外粉涂料。

3 号楼：搭设脚手架，拆卸屋面瓦件，拆卸屋面老旧防水材料，拆卸屋面基层糟朽严重的望板、挂瓦条、顺水条、遮檐板、博缝板等木构件，拆卸糟朽严重的天棚板条、木龙骨等木构件，拆卸糟朽严重、需要更换的檩条等木构件，对劈裂檩条进行黏结加固，木工制作需要补配的檩条、望板、挂瓦条、顺水条、遮檐板、博缝板等木构件，安装檩条，安装遮檐板和博缝板，铺设自粘型防水卷材两道，铺钉挂瓦条和顺水条，屋面挂瓦、砌脊。清理后檐墙后人增加的墙体外粉涂料。切除前檐墙和南、北山墙后人增加的干黏石、水泥砂浆面层。

投入施工人员：平均 28 人 / 天。

投入设备：机械平板刨，手提式链锯，手提式电刨机，空压机，气钉枪，运输车，高压水枪等工具。

主要使用材料：木材（落叶松）、红机瓦、自粘型防水卷材、桐油等。

本期重要事件概述：

3 月 30 日下午，建设单位组织施工单位、监理单位召开第一次工地会议，建设单位在会议上强调了工程的重要性，对工程安全、质量、进度、文明施工等方面提出了要求：把工程安全放在第一位，要确保施工人员和文物建筑的安全，配备消防器材做好防火措施；严把工程质量关，按照规范要求施工，施工过程中如果出现新的问题要及时同设计单位沟通解决，施工工艺上要精益求精，修缮完成后要有较好的观感效果；目前这几个建筑存在墙根部位排水不畅、返潮的问题，本次修缮工程要对这一问题进行解决；要做到文明施工，围挡搭设要美观、富有创意，建立工地良好的形象；施工工期方面，在保证工程安全和工程质量的前提下，工程进度尽量往前赶，如果条件满足的话尽量三个单体同时施工；做好新冠疫情防控措施。

4 月 8 日，建设单位组织设计单位、施工单位、监理单位召开图纸会审和设计交底会议，会议上施工单位和监理单位提出了图纸中存在的室内地面标高是否需要提升、天棚吊顶采用何种材料、墙体后人增加外粉是否清理等问题，设计单位和建设单位给出了解决方案。

二、本期工程进度完成情况

本期施工进度情况如下表：

施工进度表

建筑单体	施工部位	完成情况
1 号楼	屋面	拆卸施工已完成，完成屋面总工程量的 30%
	大木架	正在更换糟朽檩条，完成大木架总工程量的 25%
	墙体	正在铲除墙体内粉，完成墙体总工程量的 15%
	天棚吊顶	天棚吊顶拆除已完成，完成天棚吊顶总工程量的 35%
	地面	还未施工
	门窗等木装修	还未施工
	散水	还未施工
	油饰	还没施工
2 号楼	屋面	全部工程量已完成
	大木架	糟朽檩条更换已完成，完成大木架工程量的 70%
	墙体	正在铲除墙体内粉和清理外粉涂料，完成墙体总工程量的 15%
	天棚吊顶	天棚吊顶拆除已完成，完成天棚吊顶总工程量的 35%
	地面	还未施工
	门窗等木装修	还未施工
	散水	还未施工
	油饰	完成总工程量的 30%
3 号楼	屋面	全部工程量已完成
	大木架	糟朽檩条更换已完成，完成大木架工程量的 70%
	墙体	正在铲除墙体内粉、清理墙体外粉涂料、切除墙体后人增加水泥面层，完成总工程量的 35%
	天棚吊顶	天棚吊顶拆除已完成，完成天棚吊顶总工程量的 35%
	地面	还未施工

续表

建筑单体	施工部位	完成情况
3号楼	门窗等木装修	正在拆卸门窗和加工需要补配的门窗，完成总工程量的50%
	散水	还未施工
	油饰	完成总工程量的30%

三、材料检验审核

1. 进场材料情况：

4月4日进场望板材料2000平方米，4月5日进场圆木100根，4月6日进场桐油500公斤，4月8日进场自粘防水卷材500卷，4月8日进场调和漆100桶，4月9日进场红机瓦2000块。

2. 监理人员对进场材料的外观质量进行检查，核对质量证明文件。

3. 监理人员对灰浆、泥浆的质量进行了检查，质量合格。

4. 要求施工单位及时提交前期进场材料的合格证明文件。

四、工程质量

本期施工单位主要对3座建筑的屋面、大木架、墙体进行施工，监理人员要求施工单位按照设计方案和文物保护原则施工，对于能够继续使用的文物构件要求施工单位在进行维修后继续使用。屋面防水卷材、挂瓦施工时，监理人员旁站检查。

监理人员坚持巡查施工现场，对于发现的问题现场即时指出，要求施工方进行整改，保证工程质量。

发现问题及采取的措施：

1. 检查3号楼墙体内粉铲除情况，现场发现铲除过程中存在破坏墙砖的情况，要求施工单位谨慎施工，不要破坏墙砖。

2. 检查3号楼檩条维修情况，发现施工单位未按照设计方案要求对劈裂檩条进行维修，要求施工单位按照设计图纸要求施工。

3. 检查3号楼屋面防水卷材铺设情况，存在基底清理不干净、卷材铺设局部褶皱的问题，现场要求施工单位对防水卷材基底进行彻底清理，要求施工单位对铺设不平整、皱褶的部位进行处理，避免存在黏结不牢固的情况。

4. 检查3号楼屋面防水铺设情况，存在隔离纸未揭干净的问题，要求施工单位严格按照规范要求施工，确保黏结牢固。

5. 检查 3 号楼屋面挂瓦施工情况，发现存在瓦件松动、起翘的情况，要求施工单位对松动、起翘部位进行重新挂瓦。

6. 检查 3 号楼屋面挂瓦、砌脊施工情况，存在使用破损瓦件的情况，要求施工去掉破损瓦件，禁止使用不合格瓦件。

7. 检查 3 号楼屋檐天棚板条制作、安装情况，存在水平度不符合要求的问题，要求施工单位对不符合要求的部位进行重新调整安装。

8. 检查 3 号楼屋檐天棚施工情况，遮檐板存在劈裂情况，要求施工单位将劈裂构件进行更换。

9. 检查 2 号楼屋面挂瓦施工情况，发现存在使用破裂瓦件和山面第一排瓦折度与整个坡面不顺的问题，现场要求施工单位严禁使用破裂瓦件，并调整檐口处挂瓦条高度，使坡面折度一致。

10. 检查 2 号楼挂瓦施工情况，存在瓦件松动的问题，要求施工单位进行整改。

11. 检查 2 号楼油漆施工情况，表面颜色不均匀，要求施工单位继续进行处理。

12. 检查 3 号楼南山墙和前檐墙面层切除施工情况，机切痕迹过于明显，要求施工单位进行处理。

五、工程安全

本期工程施工过程中，监理人员对施工安全进行全面检查。日常巡视中，监理人员对发现的安全隐患及时要求整改，监督施工单位落实整改措施，对于建设单位提出的关于安全文明施工的要求，监理人员督促施工单位落实到位。本期主要进行了以下工作：

1. 在第一次工地会议上，建设单位对工程施工安全提出了要求，要把工程安全放在第一位，要确保施工人员和文物建筑的安全，施工现场要配备消防器材做好防火措施。监理人员督促施工单位落实建设单位提出的要求，同时加强对施工安全的管理。

2. 检查 3 号楼脚手架搭设情况，要求施工单位按照规范要求搭设护栏和扶梯。

3. 要求施工单位按照建设单位提出的要求，先对 2 号楼临街部位搭设围挡，保证施工安全。

4. 现场检查发现新进场人员未穿戴反光背心和安全帽，要求施工单位给施工人员配发反光背心和安全帽，做好安全交底。

六、工程量审核

本期施工单位按照设计图纸和工程量清单进行施工，监理人员对施工单位施工工程量进行检查，施工单位未提交关于工程量审核的申请。

七、本期监理工作小结

本期主要进行了如下工作：

1. 参加建设单位组织的第一次工地会议。

2. 参建建设单位组织的图纸会审和设计交底会议，提出图纸中存在的疑问。

3. 对工程安全进行检查，发现的安全隐患要求施工单位进行整改，要求施工人员进入施工现场必须戴安全帽和穿反光背心。

4. 每天巡视施工现场，对工程质量进行检查，发现问题要求施工单位整改。

5. 对隐蔽部位和重点工序履行旁站职责。

八、下期监理工作打算

1. 继续加强对工程质量的管理，重点对 1 号楼屋面和三座建筑墙体外立面施工质量进行检查。

2. 继续坚持每天巡视施工现场，对工程质量、安全进行检查。

3. 继续履行好旁站监理职责。

4. 要求施工单位按照设计图纸和文物保护原则施工。

5. 要求施工单位收集、整理好施工资料，确保施工资料真实、完整。

九、总监理工程师意见

监理人员要加强同参建各方的沟通，工程中遇到的问题要及时协商解决。施工过程中存在的设计变更要督促设计单位及时完善变更手续。及时整理工程监理资料，确保工程资料真实、齐全，同时督促施工单位整理好施工资料。

2022 年 5 月 1 日　天气：晴　温度：11 摄氏度～26 摄氏度

施工情况：

1. 1 号楼屋面更换糟朽严重的檩条、挑檐梁等木构件，修补檩条裂缝，铺钉椽子。

2. 3 号楼前檐墙、北山墙切除后人增加面层。

3. 拆除 3 号楼室内吊顶。

4. 木工加工檩条等木构件。

5. 施工人员 18 人。

监理情况：

1. 检查 1 号楼屋面檩条维修情况，检查檩条安装平整度和牢固程度，符合要求。

2. 检查 1 号楼屋面望板铺钉情况，符合要求。

1 号楼屋面更换糟朽严重的檩条等木构件

拆除 3 号楼室内吊顶

2022 年 5 月 2 日　天气：晴　温度：16 摄氏度～30 摄氏度

施工情况：

1. 1 号楼屋面铺钉望板，安装遮檐板。

2. 3 号楼前檐墙、北山墙切除后人增加面层，后檐墙清理后人增加外粉。

3. 施工人员 23 人。

监理情况：

1. 检查 1 号楼屋面望板铺钉、遮檐板安装情况，望板铺设平整、接缝紧密，符合要求，遮阳板安装垂直度和水平度符合要求。

2. 检查 3 号楼前檐墙、北山墙墙体面层切除施工情况，切除后墙面粗糙，要求施工单位进行处理。

1 号楼屋面铺钉望板

3 号楼前檐墙清理后人增加外粉

2022 年 5 月 3 日 天气：晴 温度：17 摄氏度～31 摄氏度

施工情况：

1. 1 号楼屋面安装遮檐板、博封板，铺设防水卷材。

2. 3 号楼后檐墙清理墙面后人粉饰，前檐墙切除后人增加面层。拆开后人封堵的南 3 间与南 4 间隔墙门洞。

3. 施工人员 23 人。

监理情况：

1. 旁站检查 1 号楼屋面防水施工情况，黏结牢固，搭接严密，符合要求。

2. 检查 3 号楼前檐墙面层切除情况，观感效果较差，要求施工单位对面层进行统一处理，确保工程质量合格。

3. 由于郑州市疫情防控政策变化，接建设单位通知，要求施工单位从明日起暂停施工，复工日期根据疫情防控政策要求确定。

1 号楼屋面安装遮檐板

1 号楼屋面铺设防水卷材

2022 年 5 月 4 日至 17 日，根据郑州市疫情防控政策要求暂停施工。

2022 年 5 月 17 日　天气：晴　温度：16 摄氏度～34 摄氏度

施工情况：

1. 今天下午复工。

2. 1 号楼屋面铺钉顺水条、挂瓦条，开始挂瓦。

3. 1 号楼北山面安装挑檐天棚板条。

4. 施工人员 9 人。

监理情况：

1. 检查 1 号楼屋面顺水条挂瓦条铺钉情况，检查瓦条间距和牢固程度，符合要求。旁站检查 1 号楼屋面挂瓦施工情况，检查瓦垄顺直度、落槽严密度，符合要求。

2. 检查 1 号楼挑檐天棚板条安装情况，符合要求。

3. 现场检查发现施工人员存在未穿戴反光背心和安全帽的情况，要求施工单位加强管理。

4. 督促施工单位对脚手架进行检修，确保施工安全。

1 号楼屋面铺钉顺水条、挂瓦条

1 号楼屋面挂瓦

2022 年 5 月 18 日　天气：晴转多云　温度：17 摄氏度～32 摄氏度

施工情况：

1. 1 号楼屋面铺钉顺水条和挂瓦条，屋面挂瓦施工。

2. 1 号楼出檐安装天棚板条。

3. 施工人员 9 人。

监理情况：

1. 检查 1 号楼屋面顺水条和挂瓦条铺钉情况，符合要求。检查 1 号楼屋面挂瓦情况，局部存在落槽不严密、瓦件松动的问题，要求施工单位进行处理。

2. 检查 1 号楼出檐天棚板条安装情况，抽检板条间距和安装牢固程度，符合要求。

1 号楼屋面挂瓦

1 号楼出檐安装天棚板条

2022 年 5 月 19 日　天气：晴　温度：18 摄氏度～28 摄氏度

施工情况：

1. 1 号楼屋面挂瓦、砌脊。

2. 1 号楼出檐安装天棚板条。

3. 2 号楼清理前檐墙后人粉刷涂料。

4. 施工人员 13 人。

监理情况：

1. 检查 1 号楼屋面挂瓦、砌脊情况，瓦件落槽严密，无松动情况，瓦垄顺直，符合要求。

2. 检查 1 号楼出檐天棚板条安装情况，发现存在板条间距不一致的问题，要求施工单位进行调整。

3. 检查 2 号楼前檐墙外粉清理情况，符合要求。

1 号楼屋面挂瓦、砌脊

2 号楼清理前檐墙后人粉刷涂料

2020 年 5 月 20 日　天气：晴　温度：16 摄氏度～30 摄氏度

施工情况：

1. 1 号楼屋面挂瓦、砌脊。

2. 1 号楼出檐安装天棚板条。

3. 2 号楼前檐墙清除墙面后人增加粉刷涂料。

4. 3 号楼拆除北尽间内墙后人增加瓷砖面层，拆开前檐墙后人封堵门洞。

5. 施工人员 13 人。

监理情况：

1. 检查 1 号楼屋面挂瓦、砌脊施工情况，局部存在落槽不严密的情况，要求施工单位进行处理。

2. 检查 1 号楼天棚板条安装情况，符合要求。

3. 建设单位、设计单位到现场查看工程情况，四方人员现场商讨门窗维修方案和 1 号楼北 3 间后人改建门洞改变房间布局问题，确定将 1 号楼北 3 间布局恢复至文物原貌，建设单位和设计单位提出将门全部进行更换，监理人员要求拆卸下来的文物构件要妥善保管，具体保管措施待建设单位确定。

1号楼屋面挂瓦

1号楼屋面砌脊

2号楼前檐墙清除墙面后人增加粉刷涂料

3号楼拆除内墙后人增加瓷砖面层

2022 年 5 月 21 日　天气：晴　温度：18 摄氏度～32 摄氏度

施工情况：

1. 1 号楼铺钉出檐天棚板条。拆卸门窗。

2. 1 号楼清除南山墙后人增加外粉涂料。

3. 1 号楼屋面天沟抹水泥砂浆。

4. 3 号楼封堵隔墙后开门洞。

5. 施工人员 14 人。

监理情况：

1. 要求施工单位将拆卸下来的门窗集中码放。

2. 检查 1 号楼外墙涂料清理情况，要求施工单位将门窗洞口进行封堵，避免清理墙面时水进入室内。

3. 同施工单位商讨 3 号楼前檐墙窗台出檐问题，监理人员建议联系设计单位出具变更方案。

4. 要求新进场人员穿戴反光背心和安全帽。

1 号楼清除南山墙后人增加外粉涂料

1 号楼屋面天沟抹水泥砂浆

2022 年 5 月 22 日　天气：晴　温度：21 摄氏度～32 摄氏度

施工情况：

1. 1 号楼清理墙面后人增加外粉涂料。

2. 1 号楼挖补墙体酥碱青砖。

3. 2 号楼拆卸门窗。

4. 切除 2 号楼南山墙多出的墙头。

5. 施工人员 14 人。

监理情况：

1. 检查 1 号楼墙面外粉涂料清理情况，未发现异常。

2. 检查 1 号楼墙体酥碱青砖挖补情况，提醒施工人员注意挖补深度，要随挖随砌。

1 号楼清理墙面后人增加外粉涂料

1 号楼挖补墙体酥碱青砖

2022 年 5 月 23 日　天气：晴　温度：19 摄氏度～32 摄氏度

施工情况：

1. 1 号楼挖补墙体酥碱青砖。

2. 1 号楼清理后檐墙外粉涂料。

3. 3 号楼拆卸一层北 4 间、北 5 间门窗。

4. 进场青砖 5000 块。

5. 施工人员 12 人。

监理情况：

1. 检查 1 号楼墙体酥碱青砖挖补情况，要求施工人员在剔除酥碱部位时不要使用破坏性大的器械，避免对保存较好的青砖造成破坏。

2. 监理公司牛老师、张总到施工现场检查工程情况，提出对门窗进行支顶等要求。

会议情况：

监理单位组织召开工地例会，建设单位沈书记、孙主任、朱科长、徐老师，监理单位牛宁、张增辉、牛远超，施工单位宋成民、李孟刚参加会议。会议上，施工单位汇报了工程进展情况和需要解决的问题，监理人员提出了工程中存在的问题和需要注意的事项，建设单位强调了工程安全、进度等问题。会后三方人员共同到施工现场对施工单位提出的问题进行了解决。会议内容详见纪要。

1 号楼挖补墙体酥碱青砖

工地例会

河南省文物考古研究院 1 号楼、2 号楼、3 号楼
修缮工程项目工地例会

一、会议时间：2022 年 5 月 23 日

二、会议地点：建设单位会议室

三、参会人员：建设方：沈锋、孙凯、许鹤立

施工方：李孟刚、宋成民

监理方：牛宁、张增辉、牛远超

四、会议内容：

5 月 23 日，建设单位、施工单位、监理单位召开工地例会对工程中存在的问题进行商讨解决，强调工程质量问题、安全、进度等问题。会前，三方人员共同对施工现场情况进行了检查。会议内容纪要如下：

（一）施工单位汇报工程进展情况、提出需要解决的问题

前一阶段，我方主要对三个建筑的屋面、梁架进行了施工，目前该部分施工已基本完成，现在正在对墙面外粉涂料和干黏石、水泥砂浆面层进行切除施工，下一阶段主要是进行墙体修缮施工。

施工过程中遇到以下问题需要解决：3 号楼前檐墙砖砌窗台被后人改造拆除，是否

需要进行恢复？ 3 号楼楼梯间转角平台上方高窗残损较轻，是否需要更换？ 1 号楼和 2 号楼后檐墙散水施工需要占用绿化用地，希望建设单位协调解决。2 号楼南侧后人加建的二层小楼是否需要进行拆除？

（二）监理单位现场监理提出施工注意事项

1. 要严格按照文物保护原则施工，遵循原材料、原工艺的原则，现场检查发现的用加气块封堵后开门洞的问题要及时进行整改。

2. 进场材料和成品构件要及时报验，门、窗场外加工要做好质量管控，验收合格后方可进场。

3. 专业分包要及时提交分包单位的资质证书，对分包单位做好安全、技术交底。

4. 注意文明施工问题，及时清运，保持场地整洁。

5. 注意施工安全，施工人员进入施工现场要穿戴安全帽和反光背心。脚手架要定期检修。

（三）监理单位牛老师对工程施工提出要求

1. 打造标杆工程。按照规范要求和文物保护原则施工，尽量使用原有构件，拆卸、维修的构件要有详细的记录，继续使用的构件要做好加固措施。

2. 提高科技含量，墙体结构加固后要进行结构分析，通过数据来体现本次工程使建筑延年益寿的效果。

3. 履行好报验程序，监理人员全程驻地，分部分项工程、进场材料和成品构件要及时报验。

4. 门窗拆卸后，门窗洞口要进行支顶，确保文物建筑结构安全，注意施工安全问题，加强安全管理，提高管理水平，确保施工安全。

5. 施工过程中遇到的需要设计单位解决的问题要及时同设计单位沟通解决，后人改造拆卸的砖砌窗台是否恢复需要设计单位确定方案。施工过程中存在的设计变更要有完善的手续。

6. 注意文明施工问题，尽量减少噪声，减小对业主单位和周边居民的影响正常工作和生活，产生的建筑垃圾要及时清运。

7. 加快工程进度，按期完工。

（四）建设单位就工程中存在的问题提出意见及要求

1. 施工单位和监理单位要强化各自的责任心，按照规范要求进行施工，打造样板工程。

2. 墙体结构加固后要进行结构分析，工程实施前后进行对比。

3. 安全上不能掉以轻心，不能出现安全事故，施工人员做好安全帽、反光背心等个人防护。

4. 做好疫情防控，给施工人员交好底，按照防疫要求执行。

5. 加快工程进度，争取提前完工。

（五）会后，三方人员共同对施工现场进行了检查，对施工单位提出的问题进行了解决：

1. 3 号楼前檐墙砖砌窗台是否恢复征求设计单位意见后确定。

2. 3 号楼楼梯转角平台上方的高窗残损减轻，建议进行修缮后继续使用。

3. 1 号楼和 2 号楼后檐墙散水需要占用绿化问题建设单位会尽快会同相关单位进行协商解决。

4. 2 号楼南侧后加小楼的二层需要进行拆除，为了确保安全，对临边的后檐墙进行保留，增加墙帽进行美化。

2022 年 5 月 24 日　天气：晴　温度：21 摄氏度～34 摄氏度

施工情况：

1. 1 号楼清理墙体外粉涂料。

2. 3 号楼拆除楼梯下后人增加的墙体。

3. 3 号楼补砌北山墙后开门洞。

4. 拆卸下来的门窗构件外运。

5. 施工人员 12 人。

监理情况：

1. 检查 1 号楼墙体外粉涂料清理情况，要求施工单位对发现的标语进行保留，对门窗洞口做好遮挡，避免水进入到室内。

2. 检查 3 号楼北山墙后开门洞补砌情况，提醒施工单位注意灰浆比例。

3. 参加业主单位组织的绿化协调会议，会议确定了将靠近墙体的植被进行清理，为散水施工腾出空间。

1 号楼清理墙体外粉涂料

3 号楼补砌北山墙后开门洞

2022 年 5 月 25 日　天气：晴　温度：21 摄氏度～29 摄氏度

施工情况：

1. 1 号楼拆除后人用红砖改建的北 4 间后檐墙门洞，并用青砖重新砌筑。

2. 1 号楼清理墙体后加涂料外粉。

3. 3 号楼前檐墙和南山墙切除后人增加的水泥面层，切除厚度 2 厘米。

4. 3 号楼补砌北山墙后开门洞。

5. 投入雾炮车一辆进行降尘。

6. 施工人员 17 人。

监理情况：

1. 检查 1 号楼和 3 号楼门洞砌筑情况，要求施工单位注意控制好灰缝厚度，与周边墙体保持一致。

2. 督促施工单位尽快对门窗洞口进行支顶，保证文物建筑结构安全。

3. 要求施工单位对施工场地进行清扫，保证干净，文明施工。

1 号楼拆除后檐墙门洞，并重新砌筑

1 号楼清理墙体后加涂料外粉

2022 年 5 月 26 日　天气：晴　温度：18 摄氏度～31 摄氏度

施工情况：

1. 1 号楼补砌北 4 间后檐墙门洞，恢复为原状窗洞。

2. 1 号楼封堵北 3 间与北 3 间隔墙后人打开的门洞。

3. 1 号楼清理后檐墙涂料外粉。

4. 3 号楼切除前檐墙和南山墙后人增加的水泥面层。

5. 施工人员 17 人。

监理情况：

1. 检查 1 号楼后檐墙和室内隔墙门洞补砌情况，符合要求。

2. 检查 3 号楼墙体后加面层切除情况，要求施工单位对切除后留下的机切痕迹进行清理，保证观感效果。

3. 施工单位提出部分人员麦收停工，监理人员征得业主意见后同意停工，要求施工单位做好施工现场整理工作，整理好器具，打扫好卫生。

1 号楼清理后檐墙涂料外粉

3 号楼切除水泥面层

2022 年 5 月 27 日　天气：晴　温度：19 摄氏度～33 摄氏度

施工情况：

1. 1 号楼后檐墙、前檐墙清理墙体外粉涂料。

2. 1 号楼出檐天棚板条喷漆施工。

3. 3 号楼前檐墙和南山墙切除后人增加的水泥面层，打磨砖面。

4. 施工人员 10 人。

监理情况：

1. 检查 1 号楼墙体外粉清理情况，符合要求。提醒施工人员不要让水进入室内。

2. 检查 1 号楼出檐天棚板条喷漆情况，符合要求。

3. 检查 3 号楼墙体面层切除、打磨情况，要求施工单位保证墙面平整。

1 号楼清理墙体外粉涂料

3 号楼切除水泥面层，打磨砖面

2022 年 5 月 28 日 天气：多云 温度：20 摄氏度～34 摄氏度

施工情况：

因停电暂停施工一天。

监理情况：

整理监理资料。

2022 年 5 月 29 日 天气：多云 温度：21 摄氏度～38 摄氏度

施工情况：

1. 1 号楼清理后檐墙外粉涂料。

2. 施工人员 5 人。

监理情况：

检查墙体外粉清理情况，符合要求。提醒施工人员主要高空作业安全。

1 号楼清理后檐墙外粉涂料

2022 年 5 月 30 日　天气：晴　温度：22 摄氏度～33 摄氏度

施工情况：

1. 1 号楼清理后檐墙、前檐墙墙体外粉涂料。

2. 2 号楼清理北山墙墙体外粉涂料。

3. 施工人员 5 人。

监理情况：

检查 1、2 号楼墙体外粉涂料清理情况，符合要求。

1 号楼清理后檐墙墙体外粉涂料

2 号楼清理北山墙墙体外粉涂料

2022 年 5 月 31 日　天气：多云　温度：22 摄氏度～34 摄氏度

施工情况：

1. 1 号楼清理后檐墙、前檐墙墙体外粉涂料。

2. 2 号楼清理北山墙墙体外粉涂料。

3. 施工人员 5 人。

监理情况：

检查 1 号楼、2 号楼墙体外粉清理情况，未发现异常。

1 号楼清理前檐墙墙体外粉涂料

5 月监理月报

一、本期工程情况评述

本期工程时间为：

2022 年 5 月 1 日至 2022 年 5 月 31 日，其中，4 日至 17 日按照郑州市疫情防控要求暂停施工。

本期主要施工情况：

1 号楼：安装檩条，安装遮檐板和博缝板，铺设自粘型防水卷材两道，铺钉挂瓦条和顺水条，屋面挂瓦、砌脊，屋檐安装天棚板条，拆卸残损严重的门窗构件。清理后人增加的墙体外粉涂料。补砌后人新开的门洞。

2号楼：拆卸残损严重的门窗构件，清理后人增加的墙体外粉涂料。

3号楼：清理后檐墙后人增加的墙体外粉涂料。切除前檐墙和南、北山墙后人增加的干黏石、水泥砂浆面层。补砌后人新开的门洞。

投入施工人员：平均15人/天。

投入设备：机械平板刨，手提式链锯，手提式电刨机，空压机，气钉枪，运输车，高压水枪等工具。

主要使用材料：木材（落叶松）、红机瓦、自粘型防水卷材、桐油等。

本期重要事件概述：

5月23日，监理公司牛宁老师、张增辉副总经理到施工现场检查工程情况，对工程中存在的问题提出了整改建议：1.对门窗洞口进行支顶，确保门窗拆卸后文物建筑结构安全；2.工程中遇到的需要对设计方案进行调整的问题要及时同设计单位沟通；3.墙体加固后要委托专业机构进行检测，确保墙体承载能力达到设计要求。

二、本期工程进度完成情况

本期施工进度情况如下表：

施工进度表

建筑单体	施工部位	完成情况
1号楼	屋面	全部工程量已完成
	大木架	糟朽檩条更换已完成，完成大木架工程量的70%
	墙体	正在进行外粉涂料清理施工，完成墙体总工程量的65%
	天棚吊顶	天棚吊顶拆除已完成，完成天棚吊顶总工程量的35%
	地面	还未施工
	门窗等木装修	场外加工已完成，完成木装修总工程量的80%
	散水	还未施工
	油饰	天棚板条油饰已完成，完成油饰总工程量的15%
2号楼	屋面	全部工程量已完成
	大木架	糟朽檩条更换已完成，完成大木架工程量的70%
	墙体	正在进行外粉涂料清理施工，完成墙体总工程量的65%
	天棚吊顶	天棚吊顶拆除已完成，完成天棚吊顶总工程量的35%
	地面	还未施工
	门窗等木装修	场外加工已完成，完成木装修总工程量的80%
	散水	还未施工
	油饰	完成总工程量的30%

续表

建筑单体	施工部位	完成情况
3号楼	屋面	全部工程量已完成
	大木架	糟朽檩条更换已完成，完成大木架工程量的70%
	墙体	墙体外粉涂料清理和水泥砂浆面层切除已完成，完成墙体总工程量的65%
	天棚吊顶	天棚吊顶拆除已完成，完成天棚吊顶总工程量的35%
	地面	还未施工
	门窗等木装修	场外加工已完成，完成木装修总工程量的80%
	散水	还未施工
	油饰	完成总工程量的30%

三、材料检验审核

1. 进场材料情况：5月23日进场青砖5000块。监理人员对进场青砖的规格尺寸、外观质量进行了检查，质量合格。

2. 监理人员对灰浆、泥浆的质量进行了检查，质量合格。

3. 要求施工单位及时提交前期进场材料的合格证明文件。

四、工程质量

本期施工单位主要对1号楼屋面和1、2、3号楼墙体进行施工，监理人员重点对屋面维修质量和墙面清理、墙体面层切除质量进行检查。

监理人员坚持每天巡查施工现场，对于发现的问题现场即时指出，要求施工方进行整改，保证工程质量。

发现问题及采取的措施：

1. 检查3号楼前檐墙、北山墙墙体面层切除施工情况，切除后墙面粗糙，要求施工单位进行处理。

2. 检查1号楼屋面挂瓦情况，局部存在落槽不严密、瓦件松动的问题，要求施工单位进行处理。

3. 检查1号楼出檐天棚板条安装情况，发现存在板条间距不一致的问题，要求施工单位进行调整。

4. 检查1号楼墙体酥碱青砖挖补情况，要求施工人员在剔除酥碱部位时不要使用破坏性大的器械，避免对保存较好的青砖造成破坏。

5. 检查 1 号楼墙体外粉涂料清理情况，要求施工单位对发现的标语进行保留，对门窗洞口做好遮挡，避免水进入到室内。

6. 检查 1 号楼和 3 号楼门洞砌筑情况，要求施工单位注意控制好灰缝厚度，与周边墙体保持一致。

五、工程安全

本期主要为高空作业，监理人员要求施工单位对脚手架进行检修，严禁施工人员随意拆改脚手架。墙体面层切除施工时，监理人员要求施工单位注意机械操作安全，做好降尘措施。日常巡视中，监理人员对发现的安全隐患及时要求整改，监督施工单位落实整改措施。本期主要进行了以下工作：

1. 在工地例会上对工程施工安全提出要求。

2. 现场检查发现施工人员存在未穿戴反光背心和安全帽的情况，当场进行指正，并要求施工单位加强管理。

3. 要求施工单位做好高空作业安全措施，佩戴好安全带。

4. 麦收停工撤场前，要求施工单位做好施工现场整理工作，整理好器具，打扫好卫生，关闭施工现场电源。

六、工程量审核

本期施工单位按照设计图纸和工程量清单进行施工，监理人员对施工单位施工工程量进行检查，施工单位未提交关于工程量审核的申请。

七、本期监理工作小结

本期主要进行了如下工作：

1. 对 1 号楼屋面和三座建筑墙体外立面施工质量进行把控，发现问题及时要求施工单位进行整改；

2. 对工程安全进行检查，发现的安全隐患要求施工单位进行整改；

3. 对 1 号楼屋面防水卷材铺设、屋面挂瓦等重点部位进行旁站检查。

4. 召开工地例会，针对出现的问题四方商讨进行解决，强调工程质量、安全问题。

八、下期监理工作打算

1. 同施工单位做好沟通，确定除墙面清理以外其他施工部位的复工时间。

2. 对墙面加固等施工工序的质量进行把控。

3. 对进场材料的质量进行检查，要求施工单位对钢筋、水泥等材料进行取样送检。

4. 督促施工单位及时提交报审报验资料。

九、总监理工程师意见

本期由于疫情、麦收等因素的影响导致工程施工进度较慢，要督促施工单位加快工程进度，避免延误工期。

加强对工程质量的管理，现场检查发现的问题要监督施工单位落实整改措施。

2022 年 6 月 1 日　天气：晴　温度：22 摄氏度～35 摄氏度

施工情况：

1. 1 号楼清理后檐墙、前檐墙墙体外粉涂料。

2. 2 号楼清理前檐墙墙体外粉涂料。

3. 施工人员 5 人。

监理情况：

检查 1 号楼、2 号楼墙体外粉清理情况，未发现异常。

1 号楼清理墙体外粉涂料

2022 年 6 月 2 日　天气：多云　温度：22 摄氏度～37 摄氏度

施工情况：

1. 1 号楼清理前檐墙外粉涂料。

2. 2 号楼清理后檐墙外粉涂料。

3. 施工人员 5 人。

监理情况：

1. 检查 1、2 号楼墙体外粉涂料清理情况，符合要求。

2. 要求施工单位注意施工安全，脚手架搭设要规范，高空作业人员必须佩戴安全带。

2 号楼清理后檐墙外粉涂料

2022 年 6 月 3 日　天气：多云　温度：24 摄氏度～36 摄氏度

施工情况：

1. 1 号楼清理后檐墙墙体外粉涂料。

2. 3 号楼前檐墙补砌窗台。

3. 施工人员 8 人。

监理情况：

1. 检查 1 号楼墙体外粉清理情况，未发现异常。

2. 检查 3 号楼前檐墙窗台补砌情况，符合要求。

1 号楼清理后檐墙墙体外粉涂料

3 号楼前檐墙补砌窗台

2022 年 6 月 4 日　天气：多云　温度：24 摄氏度～32 摄氏度

施工情况：

1. 1 号楼清理前檐墙墙体外粉涂料。

2. 3 号楼前檐墙补砌窗台，南山墙补砌门洞。

3. 施工人员 8 人。

监理情况：

1. 检查 1 号楼南山墙门洞补砌情况，存在墙面不平整的问题，要求施工单位进行整改。

2. 检查 1 号楼前檐墙外立面清理情况，边角部位清理不干净，要求施工单位继续清理。

1 号楼清理前檐墙墙体外粉涂料

2022 年 6 月 5 日　天气：晴　温度：20 摄氏度～35 摄氏度

施工情况：

1. 1 号楼清理前檐墙墙体外粉涂料。

2. 3 号楼补砌前檐墙窗台，拆除 2 号楼北山墙后用红砖封堵门洞，用青砖重新砌筑。

3. 施工人员 8 人。

监理情况：

1. 检查 1 号楼墙体外粉清理情况，未发现异常。

2. 检查 3 号楼前檐墙窗台补砌情况，存在砌筑不牢固的问题，要求施工单位进行整改。

3 号楼补砌前檐墙窗台

2022 年 6 月 6 日　天气：晴　温度：23 摄氏度～36 摄氏度

施工情况：

1. 1 号楼前檐墙清理墙面外粉涂料。

2. 2 号楼北山墙处理墙体灰缝，水泥砂浆勾缝。

3. 3 号楼处理墙体灰缝，水泥砂浆勾缝。

4. 施工人员 8 人。

监理情况：

1. 检查 1 号楼墙体外粉涂料清理情况，存在清理不干净的问题，要求施工单位继续清理。

2. 检查 2、3 号楼墙体勾缝情况，要求施工单位勾缝时注意观感效果，不要出现灰缝过宽、不直的情况。要求施工单位及时洒水洇墙，保证灰缝黏结牢固。

3. 检查发现脚手架存在晃动的情况，要求施工单位进行加固，确保施工安全。

1 号楼前檐墙清理墙面外粉涂料

2 号楼北山墙处理墙体灰缝

2022 年 6 月 7 日　天气：晴　温度：21 摄氏度～34 摄氏度

施工情况：

1. 1 号楼清理墙面外粉涂料。

2. 1 号楼挖补后檐墙墙体酥碱青砖，剔除后人增加的水泥抹面。

3. 施工人员 8 人。

监理情况：

1. 检查 1 号楼墙体外粉涂料清理情况，灰缝等细节部位清理不彻底，要求施工人员继续清理。

2. 检查 1 号楼后檐墙酥碱青砖挖补情况，存在一次性剔凿面积过大、没有及时补砌的问题，要求施工单位随挖随补，保证文物建筑结构安全。

1 号楼挖补后檐墙墙体酥碱青砖

1号楼剔除后人增加的水泥抹面

2022年6月8日　天气：晴　温度：23摄氏度～37摄氏度

施工情况：

1. 1号楼后檐墙清理外粉涂料。

2. 1号楼后檐墙挖补墙体酥碱青砖。

3. 3号楼北山墙修补灰缝。

4. 施工人员8人。

监理情况：

1. 检查1号楼墙体外粉涂料清理情况，要求施工单位保证清理干净。

2. 检查1号楼后檐墙挖补情况，补配青砖规格与原青砖规格不一致。

3. 要求施工单位处理墙体灰缝前及时洒水，避免扬尘。

4. 监理公司张总到工地检查工程情况，要求注意施工安全，施工人员要穿戴安全帽和反光背心，加快工程进度。

1 号楼后檐墙挖补墙体酥碱青砖

3 号楼北山墙修补灰缝

2022 年 6 月 9 日　天气：多云有阵雨　温度：23 摄氏度～34 摄氏度

施工情况：

1. 1 号楼、2 号楼清理墙面外粉涂料。

2. 3 号楼修补墙体灰缝。

3. 施工人员 11 人。

监理情况：

1. 检查 1、2 号楼墙体外粉涂料清理情况，边角部位清理不干净，要求施工单位继续进行清理。

2. 检查 3 号楼墙体灰缝修补情况，提醒施工单位及时洒水，降尘的同时保证灰浆黏结牢固。

3. 下午五点四十分下雨，监理人员要求施工单位暂停室外、高空作业，切断电源，避免发生安全事故。

4. 督促施工单位及时提交报验资料。

1 号楼清理墙面外粉涂料

3 号楼修补墙体灰缝

2022 年 6 月 10 日 天气：多云转晴 温度：21 摄氏度～32 摄氏度

施工情况：

1. 2 号楼后檐墙清洗外粉涂料。

2. 3 号楼前檐墙修补灰缝，挖补酥碱、碎裂墙砖，水泥砂浆修补窗口上沿。

3. 3 号楼遮檐板油漆施工。

4. 施工人员 11 人。

监理情况：

1. 检查 2 号楼后檐墙外粉涂料清理情况，符合要求。

2. 检查 3 号楼前檐墙灰缝修补和残损砖挖补施工情况，发现存在灰缝过大、个别酥碱墙砖未挖补仅做抹灰处理的问题，要求施工单位控制好灰缝宽度，保证观感效果，对酥碱墙砖进行挖补处理。

3. 检查窗口上沿修补情况，存在不直顺的情况，要求施工单位进行整改。

2 号楼后檐墙清洗外粉涂料

3 号楼前檐墙修补窗口上沿

2022 年 6 月 11 日　天气：多云　温度：21 摄氏度～34 摄氏度

施工情况：

1. 2 号楼后檐墙清理墙面外粉涂料。

2. 3 号楼前檐墙和两山墙修补灰缝，水泥砂浆勾缝处理，挖补酥碱、碎裂墙砖，拆卸脚手架。

3. 施工人员 15 人。

监理情况：

1. 检查 2 号楼后檐墙外粉涂料清理情况，督促施工单位加快进度。

2. 检查 3 号楼墙体灰缝修补情况，提醒施工人员注意控制灰缝宽度。

2 号楼后檐墙清理墙面外粉涂料

3 号楼前檐墙和两山墙修补灰缝

2022 年 6 月 12 日　天气：多云有阵雨　温度：22 摄氏度～29 摄氏度

施工情况：

1. 1 号楼拆卸脚手架。

2. 2 号楼清理后檐墙外粉涂料。

3. 3 号楼前檐墙和两山墙修补灰缝，水泥砂浆勾缝处理，挖补墙体残损墙砖，水泥砂浆修补前檐墙窗口上沿，拆卸脚手架。

4. 施工人员 17 人。

监理情况：

1. 检查 2 号楼墙体外粉涂料清理情况，灰缝、边角等部位清理不干净，要求施工单位进行整改。

2. 检查 3 号楼外墙修缮情况，个别墙砖残损未处理到位，破损墙砖未挖补，要求施工单位进行处理。

3. 提醒高处作业人员注意安全。

1 号楼拆卸脚手架

3 号楼挖补墙体残损墙砖

2022 年 6 月 13 日　天气：晴　温度：21 摄氏度～36 摄氏度

施工情况：

1. 2 号楼清理墙体外粉涂料。

2. 3 号楼前檐墙和两山墙修补灰缝，水泥砂浆勾缝处理，挖补残损墙砖，水泥砂浆修补窗口上沿，水泥砂浆粉饰混凝土梁头。

3. 拆卸 1 号楼、2 号楼脚手架。

4. 施工人员 17 人。

监理情况：

1. 检查 3 号楼墙体外立面修缮情况，个别补砌红砖存在与墙面不平的问题、灰缝修补存在余灰清理不干净的问题，要求施工单位进行整改处理。

2. 提醒拆卸脚手架人员按照规范要求操作，确保施工安全。

2 号楼清洗墙体外粉涂料

3号楼前檐墙修补窗口上沿

2022年6月14日　天气：晴　温度：19摄氏度～34摄氏度

施工情况：

1. 1号楼拆卸脚手架。

2. 2号楼清理室内垃圾。

3. 3号楼前檐墙和两山墙修补灰缝，水泥砂浆勾缝处理，挖补残损墙砖，水泥砂浆修补前檐墙窗口上沿，搭设物料架。

4. 进场钢筋7吨。

5. 施工人员13人。

监理情况：

1. 检查1号楼脚手架拆卸情况，提醒施工人员注意安全。

2. 检查3号楼墙体维修情况，要求施工单位及时洒水，保证水泥砂浆勾缝黏结牢固。

3. 检查进场水泥、钢筋、植筋胶质量，要求施工单位提交合格证明材料并及时送检。

3 号楼修补墙体灰缝

检查进场钢筋

2022 年 6 月 15 日　天气：晴　温度：21 摄氏度～37 摄氏度

施工情况：

1. 1 号楼拆卸脚手架。

2. 3 号楼前檐墙和两山墙修补灰缝，水泥砂浆勾缝处理，挖补残损墙砖，水泥砂浆修补前檐墙窗口上沿。

3. 进场植筋胶 500 支。

4. 施工人员 13 人。

监理情况：

1. 检查 1 号楼脚手架拆卸情况，提醒施工人员将施工产生的垃圾打扫干净。

2. 检查 2 号楼墙体外立面维修情况，梁头处余灰清理不干净，要求施工单位进行处理。

3. 见证施工单位对用于墙体加固的水泥、中砂、钢筋进行送检。

3 号楼修补墙体

3 号楼水泥砂浆修补前檐墙窗口上沿

2022 年 6 月 16 日　天气：晴　温度：23 摄氏度～41 摄氏度

施工情况：

1. 1 号楼拆卸脚手架，挖补后檐墙酥碱青砖。

2. 3 号楼北山墙二层内墙锚固拉结筋，北山墙下碱墙水泥砂浆抹面，门洞砖柱水泥砂浆抹面。

3. 清理 1 号楼和 2 号楼施工产生的垃圾，外运。

4. 施工人员 13 人。

监理情况：

1. 检查 1 号楼后檐墙酥碱青砖挖补情况，提醒施工人员要保证灰浆饱满，确保黏结牢固。

2. 检查 3 号楼北山墙二层内墙拉结筋锚固情况，检查分布间距、锚固长度，现场发现注胶不饱满，要求施工单位对不符合要求部位重新植筋。

3. 天气炎热，提醒施工单位做好防暑降温措施。

1 号楼挖补后檐墙酥碱青砖

3 号楼北山墙二层内墙锚固拉结筋

2022 年 6 月 17 日　天气：晴　温度：28 摄氏度～42 摄氏度

施工情况：

1. 1 号楼挖补墙体酥碱青砖。

2. 3 号楼北 1 间南侧二层内墙面锚固拉结筋，前檐墙下碱墙和门洞砖柱水泥砂浆抹面。

3. 铲除墙体空鼓内粉。

4. 施工人员 14 人。

监理情况：

1. 检查 1 号楼酥碱青砖挖补情况，符合要求。

2. 检查 3 号楼北 1 间二层南侧内墙面拉结筋锚固情况，要求施工单位将孔内的灰尘清理干净，植筋时注胶要饱满，确保锚固牢固程度符合要求。

3. 检查 3 号楼下碱墙和门洞砖柱粉饰情况，符合要求。

1 号楼挖补墙体酥碱青砖

铲除墙体空鼓内粉

2022 年 6 月 18 日　天气：多云　温度：26 摄氏度～39 摄氏度

施工情况：

1. 1 号楼挖补墙体酥碱青砖，修补瞎缝。

2. 3 号楼南 1 间北侧二层内墙面锚固拉结筋，北山墙二层内墙面安装钢筋网片和加强带钢筋，水泥砂浆加固墙体。

3. 前檐墙下碱墙和门洞砖柱水泥砂浆抹面。

4. 施工人员 14 人。

监理情况：

1. 检查 1 号楼墙体挖补和补缝施工情况，符合要求。

2. 检查 3 号楼南 1 间北侧二层内墙面拉结筋锚固情况，检查分布间距和锚固深度，检查锚固牢固程度，符合要求。

3. 检查 3 号楼北山墙二层内墙面钢筋网片安装情况，存在距离墙面过近、里侧保护层厚度小的问题，要求施工单位进行整改。

4. 检查 3 号楼北山墙二层水泥砂浆加固施工情况，要求施工单位注意水泥砂浆比例。

3 号楼二层内墙面安装钢筋网片和加强带钢筋

前檐墙砖柱水泥砂浆抹面

2022 年 6 月 19 日　天气：晴　温度：26 摄氏度～39 摄氏度

施工情况：

1. 1 号楼挖补墙体酥碱青砖。

2. 3 号楼南山墙二层内墙面转孔、锚固拉结筋。南 1 间二层北侧内墙面安装钢筋网片。

3. 3 号楼北 1 间至北 5 间前后檐墙二层内粉施工，混合砂浆打底。

4. 3 号楼雨棚修补混凝土脱落部位。

5. 施工人员 14 人。

监理情况：

1. 检查 1 号楼墙体挖补施工情况，符合要求。

2. 检查 3 号楼南 1 间二层北侧内墙钢筋网片安装情况，测量分布间距和焊接牢固程度，符合要求。

3. 检查 3 号楼二层墙体内粉施工情况，存在灰浆搅拌不均匀的问题，要求施工单位进行整改，提醒施工注意灰浆比例。

4. 要求施工单位及时对 3 号楼加固和内粉后的墙体洒水养护，避免干裂。

3 号楼二层内墙安装钢筋网片

3 号楼二层内粉施工

2022 年 6 月 20 日　天气：晴　温度：26 摄氏度～39 摄氏度

施工情况：

1. 1 号楼挖补墙体酥碱青砖，修补瞎缝。

2. 3 号楼南 1 间北侧二层内墙面安装钢筋网片和加强筋，水泥砂浆加固墙体。

3. 3 号楼南山墙二层内墙面安装钢筋网片。

4. 3 号楼南 1 间至南 5 间铲除墙体空鼓内粉。

5. 施工人员 14 人。

监理情况：

1. 检查 1 号楼酥碱青砖挖补情况，符合要求。

2. 检查 3 号楼南 1 间北侧二层内墙面和南山墙二层内墙面钢筋网片安装情况，要求施工单位控制好钢筋间距。

3. 检查 3 号楼南 1 间北侧二层内墙面水泥砂浆加固施工情况，符合要求。

4. 建设单位、设计单位、施工单位、监理单位四方人员对本工程进行了阶段性验收，对三个建筑的屋面、大木架、墙体外立面等已完成部位的施工质量和效果进行了检查验收，验收结论为合格。

会议情况：

监理单位组织四方人员在施工现场召开了工地例会，会议强调了工程质量、进程进度等问题，会议内容详见纪要。

3 号楼水泥砂浆加固墙体

3 号楼墙面安装钢筋网片和加强筋

现场召开了工地例会

河南省文物考古研究院 1 号楼、2 号楼、3 号楼
修缮工程项目工地例会

一、会议时间：2022 年 6 月 20 日

二、会议地点：施工现场

三、参会人员：建设单位：沈锋、孙凯、许鹤立

设计单位：王卓

施工单位：李孟刚、宋成民

监理单位：牛远超

四、会议内容：

6 月 20 日，建设单位、设计单位、施工单位、监理单位四方人员共同对工程进行阶段性验收，随后召开工地例会，强调工程质量问题、安全、进度等问题。会议内容纪要如下：

（一）施工单位汇报工程进展情况、提出需要解决的问题：

目前，三个建筑的屋面、大木架、墙体外立面施工基本完成，下一阶段主要是进行墙体加固和内粉施工。

1号建筑北侧两间后檐墙下部被后人用水泥砂浆抹面，我方在剔除水泥砂浆面层后出现了青砖坑洼不平但又达不到挖补条件的情况，该如何处理？

（二）监理单位现场监理提出施工注意事项：

1. 目前三个建筑的屋面、大木架、墙体外立面施工基本完成，四方人员共同对这三部分内容进行了阶段性验收，对于提出的问题，施工单位要及时进行整改。

2. 施工单位要严格按照设计图纸进行施工，对于图纸变更、洽商要及时完善手续，以设计单位出具的文件手续作为施工依据，不要盲目施工。

（三）建设单位就工程中存在的问题提出意见及要求：

1. 监理单位和施工单位要加强对工程质量的管理，注意文物建筑的结构安全问题，按照设计图纸要求保质保量施工。

2. 紧邻3号楼的消防备用电源小房影响文物建筑观感效果，需要拆除。1号楼东侧小房外观陈旧，需要对门窗和墙体粉饰进行维修。

3. 注意施工安全。

4. 施工单位要加快工程进度，在保证工程安全和质量的前提下尽量提早完工。

（四）设计单位对施工单位提出的问题进行答复

1号楼后檐墙后人增加水泥砂浆抹面剔除后存在的砖面小坑洞可以保留现状，不进行处理，仅对断裂、酥碱严重的青砖进行挖补。

2022年6月21日　天气：多云　温度：28摄氏度～38摄氏度

施工情况：

1. 1号楼挖补墙体酥碱青砖，修补瞎缝。

2. 2号楼一层南4间和南5间后檐墙锚固拉结筋。

3. 3号楼二层南1间至南5间墙体内粉，混合砂浆打底。

4. 施工人员14人。

监理情况：

1. 检查2号楼一层南4间和南5间后檐墙拉结筋锚固情况，抽检锚固牢固程度和布设间距，符合要求。

2. 检查3号楼二层南1间至南5间墙体内粉混合砂浆打底情况，符合要求。

2 号墙体锚固拉结筋

3 号楼墙体内粉，混合砂浆打底

2022 年 6 月 22 日　天气：晴　温度：28 摄氏度～39 摄氏度

施工情况：

1. 1 号楼挖补墙体酥碱青砖。

2. 3 号楼明间进行墙体内粉施工，混合砂浆打底。

3. 2 号楼南 4 间与南 3 间隔墙、南 4 间和南 5 间后檐墙锚固拉结筋。

4. 3 号楼清理室内垃圾。

5. 施工人员 14 人。

监理情况：

1. 检查1号楼酥碱青砖挖补情况，符合要求。

2. 检查3号楼明间墙体内粉情况，存在混合砂浆比例不符合要求的问题，要求施工单位进行整改。

3. 检查2号楼南4间与南3间隔墙、南4间和南5间后檐墙锚固拉结筋，符合要求。现场检查发现墙体原内粉清理时残留有砂浆未清理干净，监理人员要求施工单位进行清理，避免重新内粉时出现黏结不牢固的问题。

3号楼墙体内粉施工，混合砂浆打底

1号楼挖补墙体酥碱青砖

2022 年 6 月 23 日　天气：小雨转晴　温度：26 摄氏度～38 摄氏度

施工情况：

1. 2 号楼后檐墙修补瞎缝。

2. 2 号楼南 5 间与北 5 间隔墙、南 5 间与北 5 间前后檐墙内墙面锚固拉结筋。

3. 3 号楼明间（楼梯间）墙体内粉，混合砂浆打底。

4. 清理 1 号楼和 3 号楼室内垃圾。

5. 施工人员 14 人。

监理情况：

1. 检查 2 号楼后檐墙修补瞎缝施工情况，提醒施工单位及时洒水，保证灰浆黏结牢固。

2. 检查 2 号楼南 5 间与北 5 间隔墙、南 5 间与北 5 间前后檐墙内墙面拉结筋锚固施工情况，抽检钢筋分布间距、锚固深度和锚固牢固程度，符合要求。

3. 检查 3 号楼明间墙体内粉施工情况，符合要求。

2 号楼后檐墙修补瞎缝

2号楼墙面锚固拉结筋

2022年6月24日　天气：晴　温度：27摄氏度～42摄氏度

施工情况：

1. 2号楼前后檐墙修补瞎缝，挖补墙体酥碱青砖。

2. 2号楼南5间与北5间隔墙、北4间和北5间前后檐墙内墙面锚固拉结筋。

3. 3号楼二层墙体内粉，麻刀白灰罩面。

4. 清理1号楼室内垃圾。

5. 施工人员14人。

监理情况：

1. 检查2号楼修补瞎缝和酥碱青砖挖补情况，符合要求。

2. 检查2号楼南5间与北5间隔墙、北4间和北5间前后檐墙内墙面拉结筋锚固情况，符合要求。

3. 检查3号楼二层墙体内粉情况，麻刀白灰中含有杂质，要求施工单位进行处理。现场检查发现边角部位不顺直，要求施工单位进行处理。

2 号楼后檐墙修补瞎缝

2 号楼墙面锚固拉结筋

2022 年 6 月 25 日　天气：多云　温度：29 摄氏度～39 摄氏度

施工情况：

1. 1 号楼北 4 间、北 5 间前檐墙内墙面锚固拉结筋。

2. 2 号楼前后檐墙修补瞎缝，挖补墙体酥碱青砖。

3. 3 号楼二层墙体内粉，麻刀白灰罩面。

4. 施工人员 14 人。

监理情况：

1. 检查 1 号楼北 4 间、北 5 间前檐墙内墙面拉结筋锚固情况，抽检钢筋布设间距和锚固深度，符合要求。

2. 检查 3 号楼二层内墙面麻刀白灰罩面情况，符合要求。

2 号楼墙体修补瞎缝

3 号楼墙体内粉，麻刀白灰罩面

2022 年 6 月 26 日　天气：多云　温度：25 摄氏度～34 摄氏度

施工情况：

1. 2 号楼二层墙体内粉，石灰水泥砂浆打底。

2. 2 号楼前后檐墙修补瞎缝，挖补墙体酥碱青砖。

3. 3 号楼一层北 1 间前后檐墙、北山墙锚固拉结筋。

4. 施工人员 14 人。

监理情况：

1. 检查 2 号楼墙体内粉，混合砂浆打底情况，符合要求。

2. 检查 3 号楼一层北 1 间前后檐墙、北山墙拉结筋锚固，符合要求。

3. 现场检查发现施工人员存在不穿戴安全帽和反光背心的情况，监理人员进行指正，并要求施工单位加强管理。

4. 督促施工单位及时提交报审报验资料。

2 号楼二层墙体内粉，石灰水泥砂浆打底

2 号楼墙体修补瞎缝

2022 年 6 月 27 日　天气：雨转多云　温度：25 摄氏度～29 摄氏度

施工情况：

1. 2 号楼南 2 间北墙面、南 3 间南墙面安装钢筋网片。

2. 2 号楼二层墙体内粉，混合砂浆打底。后檐墙修补瞎缝。

3. 3 号楼北 4 间铲除墙体内粉，北 3 间和北 4 间前后檐墙内墙面锚固拉结筋。

4. 施工人员 14 人。

监理情况：

1. 检查 2 号楼南 2 间北墙面、南 3 间南墙面钢筋网片安装情况，抽检布设间距和焊接牢固程度，符合要求。

2. 检查 2 号楼墙体内粉情况，混合砂浆比例不符合要求，督促施工单位进行整改。

3. 检查 3 号楼北 3 间和北 4 间前后檐墙内墙面拉结筋锚固施工情况，抽检布设间距和锚固深度，符合要求。

4. 阴雨天气，要求施工单位暂停室外、高空作业。

5. 检查工地防汛措施，三个建筑的门洞放置沙袋阻水。要求施工单位按照考古院检查通知要求整改到位。

6. 现场检查发现 2 号楼物料提升架存在晃动的情况，要求施工单位进行加固处理。

2 号楼墙面安装钢筋网片

2 号楼墙体修补瞎缝

2022 年 6 月 28 日　天气：晴　温度：24 摄氏度～38 摄氏度

施工情况：

1. 2 号楼二层墙体内粉，混合砂浆打底。

2. 2 号楼前后檐墙水泥砂浆修补瞎缝。

3. 2 号楼南 1 间、南 2 间前檐墙剔除后人增加水泥砂浆面层。

4. 2 号楼南 5 间北侧内墙面、北 5 间南侧内墙面安装钢筋网片。

5. 3 号楼北 5 间南侧内墙面、北 5 间和北 4 间前后檐墙内墙面锚固拉结筋。

6. 施工人员 14 人。

监理情况：

1. 检查 2 号楼二层墙体内粉情况，发现存在灰浆搅拌不均匀的情况，要求施工单位进行整改。

2. 检查 2 号楼南 5 间北侧内墙面、北 5 间南侧内墙面钢筋网片焊接安装情况，符合要求。

3. 检查 3 号楼北 5 间南侧内墙面、北 5 间和北 4 间前后檐墙内墙面拉结筋锚固情况，符合要求。

4. 同建设单位、施工单位一起对施工现场安全情况进行检查，强调个人防护用品穿戴、临时用电安全等问题，现场检查发现的问题，要求施工单位及时整改。

2 号楼二层墙体内粉，混合砂浆打底

2 号楼内墙面安装钢筋网片

2022 年 6 月 29 日　天气：晴有小雨　温度：23 摄氏度～35 摄氏度

施工情况：

1. 1 号楼铲除二层室内剩余零星内粉。

2. 2 号楼二层墙体内粉，混合砂浆打底。

3. 2 号楼北 5 间南侧内墙面、北 5 间和北 4 间后檐墙内墙面安装钢筋网片。

4. 2 号楼南 1 间、南 2 间拆除前檐部位后人增加的隔墙。

5. 2 号楼前后檐墙修补墙体瞎缝，水泥砂浆补缝。

6. 施工人员 14 人。

监理情况：

1. 检查 2 号楼二层墙体内粉情况，存在墙面基底清理不干净的问题，要求施工单位将墙面上的灰土清理干净、墙面洒水洇透，保证新做的内粉黏结牢固。

2. 检查 2 号楼北 5 间南侧内墙面、北 5 间和北 4 间后檐墙内墙面钢筋网片安装情况，存在钢筋布设间距不均匀的问题，要求施工人员进行调整。

3. 同建设单位、设计单位、施工单位沟通墙体内粉面层材料问题，建设单位提出使用乳胶漆涂料作为面层材料。

2 号楼墙体内粉，混合砂浆打底

2 号楼内墙面安装钢筋网片

2022 年 6 月 30 日　天气：阵雨　温度：23 摄氏度～32 摄氏度

施工情况：

1. 1 号楼二层墙体内粉，混合砂浆打底。

2. 1 号楼挖补墙体酥碱青砖，水泥砂浆修补墙面瞎缝。

3. 2 号楼北 5 间南侧内墙面、北 4 间和北 5 间后檐墙内墙面、北 1 间和北 2 间前檐墙内墙面安装钢筋网片。

4. 施工人员 9 人。

监理情况：

1. 检查 1 号楼墙体内粉情况，存在墙面基底灰土清理不干净的温度，要求施工单位进行清理，保证内粉黏结效果。

2. 检查 1 号楼酥碱青砖挖补施工情况，符合要求。

3. 检查 2 号楼北 5 间南侧内墙面、北 4 间和北 5 间后檐墙内墙面、北 1 间和北 2 间前檐墙内墙面钢筋网片焊接安装情况，符合要求。

4. 同施工单位一起到门窗加工厂家查看门窗加工情况。

1 号楼墙体内粉，混合砂浆打底

1 号楼修补墙面瞎缝

6 月监理月报

一、本期工程情况评述

本期工程时间为：

2022 年 6 月 1 日至 2022 年 6 月 30 日。

本期主要施工情况：

1 号楼：清理墙体上后人增加的外粉涂料，剔除墙体上后人增加水泥面层，挖补墙体酥碱青砖，墙体瞎缝用水泥砂浆补缝，二层墙体内粉。厂家加工门窗。

2 号楼：清理墙体上后人增加的外粉涂料，挖补墙体酥碱青砖，墙体瞎缝用水泥砂浆补缝，水泥砂浆粉饰梁头，二层墙体内粉，墙体加固（锚固拉结筋，安装钢筋网片），拆除南侧两间前廊后人封堵墙体。厂家加工门窗。

3 号楼：挖补墙体酥碱、破裂墙砖，整修前檐墙和两山墙灰缝，水泥砂浆粉饰门洞砖柱、墙裙、窗户上沿、梁头，水泥砂浆修补雨棚残损部位，二层墙体内粉（水泥砂浆打底，麻刀白灰罩面），加固墙体（锚固拉结筋，安装钢筋网片，M15 水泥砂浆抹面）。厂家加工门窗。

投入施工人员：平均 13 人 / 天。

投入设备：打灰机、搅拌机、电焊机、电葫芦、空压机、角磨机、运输车、高压清洗机等工具。

主要使用材料：白灰、青砖、红砖、水泥、中砂、钢筋、植筋胶等。

本期重要事件概述：

6 月 20 日，建设单位、设计单位、施工单位、监理单位四方人员共同对本工程进行了阶段性验收，对三个建筑施工完成的大木架、屋面、墙体外立面施工质量进行检查验收。

二、本期工程进度完成情况

本期施工进度情况如下表：

施工进度表

建筑单体	施工部位	完成情况
1 号楼	屋面	全部工程量已完成
	大木架	全部工程量已完成
	墙体	正在进行墙体内粉施工，完成墙体总工程量的 75%
	天棚吊顶	天棚吊顶拆除已完成，完成天棚吊顶总工程量的 35%
	地面	还未施工
	门窗等木装修	厂家正在加工
	散水	还未施工
	油饰	完成总工程量的 60%
2 号楼	屋面	全部工程量已完成
	大木架	糟朽檩条更换已完成，完成大木架工程量的 70%
	墙体	正在进行墙体内粉和加固施工，完成总工程量的 85%
	天棚吊顶	天棚吊顶拆除已完成，完成天棚吊顶总工程量的 35%
	地面	还未施工
	门窗等木装修	厂家正在加工
	散水	还未施工
	油饰	完成总工程量的 60%
3 号楼	屋面	全部工程量已完成
	大木架	糟朽檩条更换已完成，完成大木架工程量的 70%
	墙体	正在进行墙体内粉和加固施工，完成总工程量的 85%
	天棚吊顶	天棚吊顶拆除已完成，完成天棚吊顶总工程量的 35%

续表

建筑单体	施工部位	完成情况
3 号楼	地面	还未施工
	门窗等木装修	厂家正在加工
	散水	还未施工
	油饰	完成总工程量的 60%

三、材料检验审核

1. 进场材料情况：

6月14日进场钢筋7吨，6月15日进场植筋胶500支、水泥20吨、中砂30立方米、石子15立方米。

2. 监理人员对白灰、水泥、钢筋、砂、植筋胶的外观质量进行了检查，对材料的强度、规格等进行了核查，查看了施工单位提价的材料合格证明文件，要求施工单位对水泥、钢筋、砂原材料取样送检。

3. 监理人员要求施工单位按照设计图纸要求制作灰浆，现场对麻刀白灰、1∶3∶9水泥石灰砂浆、M15水泥砂浆、M7.5水泥砂浆的配合比和拌和质量进行检查，对于检查中发现的水泥石灰砂浆配合比和拌和质量不符合要求的问题及时要求施工单位进行整改。

四、工程质量

本期施工单位主要对1、2、3号楼墙体进行施工，监理人员重点对墙体外立面维修效果、墙体加固施工质量等进行检查。

监理人员坚持每天巡查施工现场，对于发现的问题现场即时指出，要求施工方进行整改，保证工程质量。

发现问题及采取的措施：

1. 检查1号楼墙体外粉涂料清理情况，存在清理不干净的问题，要求施工单位继续清理。

2. 检查2、3号楼墙体勾缝情况，存在出现灰缝过宽、不直的情况，要求施工单位勾缝时注意观感效果。要求施工单位及时洒水洇墙，保证灰缝黏结牢固。

3. 检查1号楼后檐墙酥碱青砖挖补情况，存在一次性剔凿面积过大、没有及时补砌的问题，要求施工单位随挖随补，保证文物建筑结构安全。

4. 检查3号楼前檐墙灰缝修补和残损砖挖补施工情况，发现存在灰缝过大、个别酥碱墙砖未挖补仅做抹灰处理的问题，要求施工单位控制好灰缝宽度，保证观感效果，对酥碱墙砖进行挖补处理。

5. 检查2号楼墙体外立面维修情况，梁头处余灰清理不干净，要求施工单位进行处理。

6. 检查3号楼北山墙二层内墙拉结筋锚固情况，现场发现注胶不饱满的问题，要求施工单位对不符合要求部位重新植筋。

7. 检查3号楼北山墙二层内墙面钢筋网片安装情况，存在距离墙面过近、里侧保护层厚度小的问题，要求施工单位进行整改。

8. 检查3号楼二层墙体内粉施工情况，存在灰浆搅拌不均匀的问题，要求施工单位进行整改，提醒施工注意灰浆比例。

9. 现场检查发现2号楼墙体原内粉清理时残留有砂浆未清理干净，监理人员要求施工单位进行清理，避免重新内粉时出现黏结不牢固的问题。

10. 检查3号楼二层墙体内粉情况，麻刀白灰中含有杂质，要求施工单位进行处理。现场检查发现边角部位不顺直，要求施工单位进行处理。

11. 检查2号楼墙体内粉情况，存在混合砂浆比例不符合要求、搅拌不均匀的问题，督促施工单位进行整改。

五、工程安全

本期天气炎热，监理人员要求施工单位做好防暑降温措施。

要求施工单位按照规范要求搭设物料架。

日常巡视中，监理人员对发现的安全隐患及时要求整改，监督施工单位落实整改措施。本期主要进行了以下工作：

1. 6月28日，组织建设单位、施工单位对施工现场安全情况进行了检查，对检查中发现的问题要求施工单位落实整改措施。

2. 现场检查发现施工人员存在未穿戴反光背心和安全帽的情况，当场进行指正，并要求施工单位加强管理。

3. 要求施工单位做好施工现场整理、清扫工作，文明施工。

4. 雨天要求施工单位暂停室外、高空作业，切断电源，按照建设单位要求在三个建筑的门洞口放置阻水沙袋，做好防汛工作。

5. 现场检查发现 2 号楼物料提升架存在晃动的情况，要求施工单位进行加固处理。

六、工程量审核

本期施工单位按照设计图纸进行施工，监理人员对施工单位施工工程量进行检查，施工单位未提交关于工程量审核的申请。

七、本期监理工作小结

本期主要进行了如下工作：

1. 对三座建筑墙体维修加固施工质量进行把控，发现问题及时要求施工单位进行整改。

2. 对进场材料的质量进行检查，要求施工单位对水泥、中砂、钢筋材料取样送检。

3. 对墙体加固等重点部位进行旁站检查。

4. 督促施工单位提交报审报验资料。

5. 召开工地例会，针对出现的问题四方商讨进行解决，强调工程质量、安全问题。

八、下期监理工作打算

1. 加强安全管理，要求施工单位做好防暑降温措施。

2. 对墙面加固等施工工序的质量进行把控，特别是对钢筋网片等隐蔽部位的施工质量进行检查。

3. 继续对砂浆的配合比和拌和质量进行重点检查。

4. 门窗成品构件进场要求施工单位履行报验程序，监理人员对成品构件的质量进行检查。

九、总监理工程师意见

进入盛夏酷暑时节，极易发生安全事故，监理人员要督促施工单位做好防暑降温措施，确保施工安全顺利进行。

要求施工单位按照设计方案进行施工，不要盲目施工，发现问题要及时同各方沟通解决。

2022 年 7 月 1 日　天气：晴　温度：23 摄氏度～34 摄氏度

施工情况：

1. 1 号楼二层墙体内粉，混合砂浆打底。

2. 1 号楼南 1 间、南 2 间前檐墙一层内墙面安装钢筋网片。

3. 1 号楼后檐墙挖补墙体酥碱、破裂青砖。

4. 2 号楼北 3 间前檐墙一层内墙面锚固拉结筋。

5. 3 号楼南 5 间北侧一层内墙面锚固拉结筋。

6. 施工人员 9 人。

监理情况：

1. 检查 1 号楼二层墙体内粉情况，存在墙面基底灰土清理不干净的问题，要求施工单位进行清理。

2. 检查 1 号楼南 1 间、南 2 间前檐墙一层内墙面钢筋网片安装情况，符合要求。

3. 检查 2 号楼北 3 间前檐墙一层内墙面、3 号楼南 5 间北侧一层内墙面拉结筋锚固情况，符合要求。

1 号楼墙体内粉，混合砂浆打底

2 号楼墙面锚固拉结筋

2022 年 7 月 2 日　天气：多云　温度：24 摄氏度～34 摄氏度

施工情况：

1. 1 号楼二层墙体内粉，混合砂浆打底。

2. 1 号楼南 1 间、南 2 间前檐墙一层内墙面安装钢筋网片。

3. 3 号楼一层南 4 间前檐墙墙内墙面锚固拉结筋。

4. 施工人员 9 人。

监理情况：

1. 检查 1 号楼二层墙体内粉，混合砂浆打底情况，符合要求。

2. 检查 1 号楼南 1 间、南 2 间前檐墙一层内墙面钢筋网片安装情况，符合要求。

3. 检查 3 号楼一层南 4 间前檐墙墙内墙面锚固拉结筋，符合要求。

1 号楼墙体内粉，混合砂浆打底

1 号楼墙面安装钢筋网片

2022 年 7 月 3 日　天气：晴　温度：24 摄氏度～30 摄氏度

施工情况：

1. 1 号楼二层墙体内粉，混合砂浆打底。

2. 2 号楼修补墙面瞎缝，挖补墙体酥碱、破裂青砖。

3. 3 号楼南 1 间、南 2 间前后檐墙一层内墙面锚固拉结筋。

4. 施工人员 9 人。

监理情况：

1. 检查 1 号楼二层墙体内粉情况，符合要求。

2. 检查 2 号楼墙体酥碱青砖挖补情况，符合要求。

3. 检查南 1 间、南 2 间前后檐墙一层内墙面拉结筋锚固情况，符合要求。

2 号楼修补墙面瞎缝

3 号楼内墙面锚固拉结筋

2022 年 7 月 4 日 天气：晴 温度：24 摄氏度～33 摄氏度

施工情况：

1. 1 号楼二层墙体内粉，混合砂浆打底。

2. 1 号楼后檐墙散水清理基础，三七灰土夯实。

3. 3 号楼北 3 间和北 4 间后檐墙内墙面、北 2 间和北 1 间后檐墙内墙面、北 1 间南侧隔墙内墙面安装钢筋网片。

4. 施工人员 9 人。

监理情况：

1. 检查 1 号楼二层墙体内粉情况，要求施工人员将墙面上残留的灰土清理干净后，保证黏结效果。

2. 检查 1 号楼后檐墙散水清理基础、三七灰土夯实施工情况，要求施工单位将灰土中的杂物清理干净。

3. 检查 3 号楼北 3 间和北 4 间后檐墙内墙面、北 2 间和北 1 间后檐墙内墙面、北 1 间南侧隔墙内墙面钢筋网片安装情况，符合要求。

1 号楼墙体内粉

3 号楼内墙面安装钢筋网片

2022 年 7 月 5 日　天气：小雨　温度：24 摄氏度～29 摄氏度

施工情况：

1. 1 号楼一层墙体内粉，混合砂浆打底。

2. 2 号楼后檐墙开挖散水下部挡水地梁基础，挡水地梁浇筑 C15 混凝土。

3. 3 号楼北 4 间和北 5 间前后檐墙内墙面、北 5 间南侧隔墙内墙面安装钢筋网片。

4. 3 号楼二层木窗加工完成，进场。

5. 施工人员 14 人。

监理情况：

1. 检查 1 号楼一层墙体内粉情况，提醒施工单位注意灰浆配合比，保证灰浆质量。

2. 三方人员现场商讨建筑墙根防水、防潮问题，建设单位提出沿墙根增加混凝土挡水地梁，地梁宽度为 30 厘米、深度为地梁下皮与建筑基础最上层放脚上皮一致。

3. 检查 2 号楼后檐墙挡水地梁沟槽开挖情况，检查开挖宽度和深度，符合要求。检查挡水地梁混凝土浇筑情况，发现存在混凝土拌和不均匀的问题，要求施工单位进行整改，提醒施工单位浇筑混凝土及时振捣。

4. 检查 3 号楼北 4 间和北 5 间前后檐墙内墙面、北 5 间南侧隔墙内墙面钢筋网片安装情况，提醒施工单位注意钢筋间距。

5. 检查 3 号楼二层木窗加工质量，符合要求。

6. 阴雨天气，要求施工单位将开挖的挡水地梁沟槽进行遮盖，避免雨水浸泡建筑基础。

1 号楼一层墙体内粉

2 号楼后檐墙开挖散水

2022年7月6日 天气：晴 温度：23摄氏度～33摄氏度

施工情况：

1. 1号楼一层墙体内粉，混合砂浆打底。水泥砂浆加固墙体。

2. 1号楼后檐墙开挖散水下部挡水地梁基础，挡水地梁浇筑C15混凝土，浇筑散水。

3. 3号楼北4间和北5间前后檐墙内墙面、北5间南侧隔墙内墙面安装钢筋网片。

4. 3号楼二层木窗安装玻璃。

5. 施工人员14人。

监理情况：

1. 检查1号楼一层墙体内粉情况，符合要求。

2. 检查1号楼后檐墙挡水地梁沟槽开挖情况，检查开挖宽度和深度，符合要求。检查挡水地梁、散水混凝土浇筑情况，符合要求，提醒施工单位浇筑混凝土及时振捣。

3. 检查3号楼北4间和北5间前后檐墙内墙面、北5间南侧隔墙内墙面钢筋网片安装情况，符合要求。

1号楼墙体内粉

3 号楼内墙面安装钢筋网片

2022 年 7 月 7 日　天气：晴　温度：23 摄氏度～37 摄氏度

施工情况：

1. 1 号楼一层墙体内粉，混合砂浆打底。

2. 2 号楼后檐墙混凝土浇筑散水，水泥砂浆收面。

3. 3 号楼南 5 间和南 4 间前檐墙内墙面安装钢筋网片。

4. 3 号楼组装木窗，安装玻璃、窗扇、合页。

5. 施工人员 14 人。

监理情况：

1. 检查 1 号楼一层墙体内粉情况，符合要求。

2. 检查 2 号楼散水浇筑情况，符合要求。

3. 检查 3 号楼南 5 间和南 4 间前檐墙内墙面钢筋网片安装情况，提醒施工单位注意钢筋间距。

4. 检查 3 号楼木窗组装情况，检查安装垂直度、水平度和开合情况，符合要求。

2 号楼后檐墙混凝土浇筑散水

3 号楼组装木窗

2022 年 7 月 8 日　天气：晴　温度：26 摄氏度～38 摄氏度

施工情况：

1. 1 号楼一层墙体内粉，混合砂浆打底。

2. 3 号楼南 5 间和南 4 间后檐墙内墙面安装钢筋网片。

3. 3 号楼二层安装木窗。

4. 进场石膏板 500 张、覆面龙骨 1000 支、卡式龙骨 800 支。

5. 施工人员 16 人。

监理情况：

1. 检查 1 号楼一层墙体内粉情况，符合要求。

2. 检查 3 号楼南 5 间和南 4 间后檐墙内墙面钢筋网片安装情况，符合要求。

3. 检查 3 号楼木窗安装情况，检查安装垂直度、水平度和开合情况，存在开合不顺畅的问题，要求施工单位进行处理。

4. 检查进场石膏板、龙骨、拉丝材料外观质量，核对质量证明文件。

1 号楼墙体内粉

3 号楼墙面安装钢筋网片

2022 年 7 月 9 日　天气：多云　温度：25 摄氏度～37 摄氏度

施工情况：

1. 3 号楼一层墙体内粉，混合砂浆打底。一层墙体加固，水泥砂浆抹面。

2. 3 号楼二层室内吊顶，安装拉丝、卡骨、付骨。

3. 施工人员 18 人。

监理情况：

1. 检查 3 号楼一层墙体内粉情况，符合要求。

2. 检查 3 号楼一层墙体加固水泥砂浆抹面情况，符合要求。

3. 检查 3 号楼二层室内吊顶情况，抽检龙骨安装间距，符合要求，现场检查发现存在拉丝弯曲变形的问题，要求施工单位进行处理。

3 号楼墙体加固，水泥砂浆抹面

3 号楼二层室内吊顶

2022 年 7 月 10 日 天气：多云 温度：24 摄氏度～30 摄氏度

施工情况：

1. 3 号楼一层加固墙体，水泥砂浆抹面。

2. 3 号楼二层室内吊顶，安装拉丝、卡骨、付骨，安装石膏板。

3. 1 号楼后檐墙挖补墙体酥碱青砖。

4. 3 号楼散水基础三七灰土夯实。

5. 施工人员 13 人。

监理情况：

1. 检查 3 号楼一层墙体水泥砂浆加固施工情况，符合要求。

2. 检查 3 号楼二层室内吊顶情况，抽检龙骨安装间距和水平度，符合要求，提醒施工单位在龙骨施工完成后及时进行隐蔽项目报验，验收通过后方可进行石膏板安装。

3. 检查 1 号楼后檐墙酥碱青砖挖补情况，符合要求。

3 号楼二层室内吊顶

1 号楼挖补墙体酥碱青砖

2022 年 7 月 11 日　天气：小雨　温度：23 摄氏度～28 摄氏度

施工情况：

1. 1 号楼后檐墙挖补墙体酥碱青砖。

2. 3 号楼浇筑混凝土散水。

3. 3 号楼一层加固墙体，水泥砂浆抹面。

4. 施工人员 9 人。

监理情况：

1. 检查 3 号楼混凝土散水浇筑情况，检查混凝土配合比和拌和质量，存在搅拌不均匀的问题，要求施工单位进行整改，要求施工单位浇筑混凝土时及时振捣。

2. 检查 3 号楼一层墙体水泥砂浆加固施工情况，符合要求。

3 号楼浇筑混凝土散水

3 号楼加固墙体，水泥砂浆抹面

2022 年 7 月 12 日　天气：阴　温度：23 摄氏度～27 摄氏度

施工情况：

1. 1 号楼后檐墙挖补墙体酥碱青砖，南山面铺设混凝土散水。

2. 2 号楼一层水泥砂浆抹面加固墙体。

3. 3 号楼二层吊顶施工，安装龙骨，安装石膏板。

4. 进场灌浆料 3 吨。

5. 施工人员 13 人。

监理情况：

1. 检查 1 号楼、3 号楼混凝土散水铺设情况，检查散水坡度，符合要求，要求施工单位浇筑过程中及时振捣。

2. 检查 2 号楼水泥砂浆加固墙体施工情况，提醒施工人员抹面过程中注意压实，保证灰浆密实。

3. 检查 3 号楼二层室内吊顶施工情况，抽检主龙骨、副龙骨间距，符合要求，抽检安装水平度，符合要求。

4. 检查灌浆料质量，核对质量证明文件。

2 号楼水泥砂浆抹面加固墙体

3号楼吊顶施工

2022年7月13日　天气：阴　温度：24摄氏度～31摄氏度

施工情况：

1. 1号楼挖补后檐墙残损青砖，室内回填土提高地面标高。

2. 2号楼一层水泥砂浆抹面加固墙体。二层室内吊顶，安装吊丝、主龙骨。

3. 3号楼二层室内吊顶，安装石膏板。一层室内C30灌浆料浇筑正负零以下地梁。水泥砂浆粉饰前檐墙二层窗台。

4. 施工人员13人。

监理情况：

1. 检查1号楼室内地面回填情况，提醒施工单位一次虚铺不要太厚，避免夯筑不密实。

2. 检查2号楼、3号楼二层室内吊顶施工情况，符合要求。

3. 检查3号楼室内地梁浇筑情况。检查灌浆料拌和情况，符合要求。检查浇筑宽度和高度，符合要求。

4. 检查2号楼一层水泥砂浆加固墙体施工情况，符合要求。

2 号楼一层水泥砂浆抹面加固墙体

3 号楼水泥砂浆粉饰二层窗台

2022 年 7 月 14 日　天气：晴　温度：26 摄氏度～36 摄氏度

施工情况：

1. 1 号楼室内回填土，素土夯实。

2. 2 号楼一层水泥砂浆抹面加固墙体。二层室内吊顶。

3. 3 号楼窗台水泥砂浆抹面粉饰。木窗安装玻璃。

4. 施工人员 13 人。

监理情况：

1. 检查 1 号楼室内回填施工情况，存在虚铺过厚的问题，要求施工单位进行整改。

2. 检查 2 号楼一层水泥砂浆加固墙体情况，符合要求。

3. 检查 2 号楼二层室内吊顶情况，符合要求。

1 号楼室内回填土，素土夯实

3 号楼窗台水泥砂浆抹面粉饰

2022 年 7 月 15 日　天气：阵雨　温度：27 摄氏度～32 摄氏度

施工情况：

1. 1 号楼一层铺设室内回填土。二层室内吊顶。

2. 2 号楼一层水泥砂浆加固墙体。二层室内吊顶。维修一层走廊漏筋混凝土梁，拆除断裂、松动的混凝土，钢筋除锈，加筋。

3. 3 号楼后檐墙水泥砂浆修补墙裙。维修楼梯间高窗，铲除起甲油漆。

4. 施工人员 13 人。

监理情况：

1. 检查 1 号楼、2 号楼二层室内吊顶情况，抽检龙骨间距和水平度，符合要求。

2. 检查 2 号楼一层水泥砂浆加固墙体情况，符合要求。

3. 检查 2 号楼南 5 间前廊混凝土梁维修情况，要求施工单位将梁外表粉饰清理干净，保证灌浆时黏结牢固。

4. 检查 3 号楼楼梯间高窗起甲油漆清理情况，符合要求。

2 号楼室内吊顶

2 号楼维修一层走廊漏筋混凝土梁

2022 年 7 月 16 日　天气：阵雨　温度：25 摄氏度～31 摄氏度

施工情况：

1. 1 号楼一层回填室内地面，素土夯实，提高室内标高。二层室内吊顶。维修二层走廊栏杆残损饰面，铲除空鼓粉饰，重新用混合浆粉饰。

2. 2 号楼南 5 间残损混凝土梁浇筑灌浆料。2 号楼南 3 间前廊残损混凝土梁维修，拆除断裂、松动的混凝土，钢筋除锈，补加钢筋。拆除 2 号楼前部后人加建小楼的二层。

3. 3 号楼维修楼梯间高窗，铲除起甲油漆。

4. 施工人员 13 人。

监理情况：

1. 检查 1 号楼室内回填土夯实情况，符合要求。

2. 检查 1 号楼二层室内吊顶情况，检查龙骨安装间距和牢固程度，符合要求。

3. 检查 2 号楼南 5 间前廊混凝土梁残损部位浇筑情况，符合要求。

4. 检查 2 号楼南 3 间前廊混凝土梁维修情况，要求施工人员剔除松动混凝土时不要对不存在残损的混凝土造成扰动。

1 号楼一层回填室内地面

1 号楼维修二层走廊栏杆残损饰面

2022 年 7 月 17 日　天气：晴　温度：23 摄氏度～36 摄氏度

施工情况：

1. 1 号楼一层室内回填土，三七灰土夯实，浇筑混凝土地面，表面收光。维修前廊栏杆混合砂浆脱落部位，拆除空鼓、松动的混合砂浆面层，重新用混合砂浆粉饰。

2. 1 号楼二层室内、走廊吊顶。

3. 2 号楼修补南 3 间前廊混凝土梁，浇筑灌浆料。

4. 3 号楼一层室内回填土，三七灰土夯实。

5. 施工人员 13 人。

监理情况：

1. 检查 1 号楼室内地面混凝土浇筑情况，抽检浇筑厚度，符合要求。检查混凝土拌和质量，符合要求。

2. 检查 1 号楼二层室内、走廊吊顶施工情况，抽检龙骨间距，符合要求。

3. 检查 1 号楼和 3 号楼室内回填土情况，符合要求。

1 号楼室内回填土，夯实

3 号楼室内回填土，夯实

2022 年 7 月 18 日　天气：晴转多云　温度：25 摄氏度～37 摄氏度

施工情况：

1. 1 号楼室内浇筑混凝土地面，水泥砂浆收面，前廊地面铺设砂石垫层。

2. 2 号楼修补南 4 间前廊残损混凝土梁。拆除 2 号楼前部后人加建小楼的二层。

3. 3 号楼室内回填土，三七灰土夯实施工。铲除楼梯扶手、楼梯间高窗起甲油漆。

4. 施工人员 9 人。

监理情况：

1. 检查 1 号楼室内混凝土地面浇筑、收面施工情况，符合要求。

2. 检查 2 号楼南 4 间混凝土梁残损部位维修情况，发现施工单位使用水泥砂浆对露筋部位进行修补，不符合要求，要求施工单位进行整改，使用灌浆料修补混凝土残损部位。

3. 检查 3 号楼楼梯扶手、高窗起甲油漆清理情况，细节部位清理不到位，要求施工单位继续进行清理。

1 号楼室内浇筑混凝土地面

2 号楼修补前廊残损混凝土梁

2022 年 7 月 19 日　天气：阴有小雨　温度：21 摄氏度～29 摄氏度

施工情况：

1. 1 号楼一层浇筑混凝土地面。二层安装室内吊顶。

2. 2 号楼南 1 间、南 2 间前廊一层混凝土梁修补残损部位。

3. 3 号楼室内回填土，三七灰土夯实。铲除楼梯扶手起甲油漆。

4. 施工人员 13 人。

监理情况：

1. 检查 1 号楼一层室内、前廊地面浇筑情况，符合要求。

2. 检查 1 号楼二层吊顶施工情况，抽检龙骨、石膏板安装水平度，符合要求。

3. 检查 2 号楼南 1 间、南 2 间前廊混凝土梁修补情况，检查灌浆料拌和质量，符合要求，提醒施工单位要注意结合部位要灌注饱满。

1 号楼一层浇筑混凝土地面

2 号楼一层混凝土梁修补残损部位

2022 年 7 月 20 日 天气：小雨转阴 温度：22 摄氏度～36 摄氏度

施工情况：

1. 上午因雨停工半天。

2. 3 号楼一层浇筑混凝土地面。

3. 3 号楼一层安装木窗。

4. 施工人员 12 人。

监理情况：

1. 检查 3 号楼一层地面混凝土浇筑情况，检查混凝土拌和质量，符合要求，提醒施工单位及时振捣。

2. 检查 3 号楼一层木窗安装情况，存在不顺畅的问题，要求施工单位进行处理。

3 号楼浇筑混凝土地面

3 号楼一层安装木窗

2022 年 7 月 21 日　天气：晴　温度：22 摄氏度～35 摄氏度

施工情况：

1. 1 号楼一层室内吊顶，二层吊顶批缝。2 号楼二层前廊吊顶。

2. 1 号楼、3 号楼安装木窗。

3. 2 号楼一层室内地面浇筑混凝土。拆除南侧两间前廊后人改建地面。

4. 3 号楼一层室内回填土，浇筑混凝土地面。

5. 施工人员 17 人。

监理情况：

1. 检查 2 号楼、3 号楼一层室内地面浇筑情况，检查混凝土拌和质量和浇筑厚度，符合要求。

2. 检查 1 号楼、3 号楼木窗安装情况，存在缝隙不均匀的问题，要求施工单位进行处理。

3. 检查 1 号楼一层、2 号楼二层吊顶情况，抽检吊顶水平度，符合要求。

2 号楼二层前廊吊顶

2 号楼室内地面浇筑混凝土

2022 年 7 月 22 日　天气：雨　温度：22 摄氏度～26 摄氏度

施工情况：

1. 2 号楼、3 号楼一层浇筑混凝土地面。上午 8：30 因雨停工。

2. 1 号楼一层室内吊顶，二层吊顶批缝。

3. 3 号楼维修木窗开合不顺畅问题。

4. 进场腻子粉 3 吨。

5. 施工人员 17 人。

监理情况：

1. 检查 2 号楼、3 号楼一层混凝土地面浇筑情况，符合要求。对于因停工不能一次浇筑完成的部位，要求施工单位做好斜茬，保证两次浇筑结合牢固。

2. 要求施工单位对因雨停工的部位切段电源，保证安全。

3. 检查 1 号楼室内吊顶和吊顶批缝情况，符合要求。

4. 对施工现场安全情况进行检查，形成《安全检查记录表》。

2 号楼浇筑混凝土地面

1 号楼二层吊顶批缝

2022 年 7 月 23 日　天气：雨　温度：17 摄氏度～25 摄氏度

施工情况：

1. 3 号楼一层浇筑混凝土地面。

2. 1 号楼二层吊顶批缝，内墙面、吊顶石膏板刮腻子。

3. 3 号楼安装木窗。

4. 施工人员 17 人。

监理情况：

1. 检查 3 号楼一层混凝土地面浇筑情况，符合要求。

2. 检查 3 号楼木窗安装情况，符合要求。

3. 检查 1 号楼室内刮腻子施工情况，符合要求。

1 号楼二层吊顶批缝

3 号楼安装木窗

2022 年 7 月 24 日　天气：晴　温度：24 摄氏度～35 摄氏度

施工情况：

1. 1 号楼组装、安装木窗。

2. 2 号楼一层室内地面浇筑混凝土，水泥砂浆收面。砌筑南侧两间前廊墙体。

3. 3 号楼修补北 5 间槽形板裂缝，剔除开裂部位混凝土。

4. 施工人员 12 人。

监理情况：

1. 检查 1 号楼木窗安装情况，存在开合不顺畅的问题，要求施工单位进行处理。

2. 检查 2 号楼室内地面混凝土浇筑情况，符合要求。

3. 检查 3 号楼北 5 间槽形板裂缝维修情况，要求施工单位剔除开裂部位混凝土时谨慎施工，不要对周边混凝土造成过大扰动。

1 号楼安装木窗

2 号楼室内地面浇筑混凝土

2022 年 7 月 25 日　天气：晴转雨　温度：24 摄氏度～34 摄氏度

施工情况：

1. 1 号楼组装、安装木窗。

2. 2 号楼一层室内地面浇筑混凝土，水泥砂浆收面。砌筑南侧两间前廊墙体。

3. 3 号楼混凝土浇筑门口坡道。组装、安装木窗，窗台水泥砂浆抹面。

4. 3 号楼修补北 5 间槽形板裂缝，剔除开裂部位混凝土，加设钢筋，浇筑灌浆料。

5. 施工人员 11 人。

监理情况：

1. 检查 1 号楼、3 号楼木窗安装情况，存在开合不顺畅的问题，要求施工单位进行处理。

2. 检查 2 号楼室内地面、3 号楼坡道混凝土浇筑情况，检查混凝土拌和质量和浇筑质量，符合要求。

3. 检查 3 号楼北 5 间槽形板裂缝维修情况，检查灌浆料灌注情况，符合要求。

4. 督促施工单位及时提交报审报验资料。

2 号楼室内地面浇筑混凝土

3 号楼修补槽形板裂缝

2022 年 7 月 26 日　天气：晴　温度：22 摄氏度～32 摄氏度

施工情况：

1. 1 号楼组装、安装木窗。室内吊顶批缝。

2. 2 号楼前檐地面铺设砂石。补砌南山墙后开门洞。组装、安装木窗。

3. 3 号楼前檐浇筑散水。水泥砂浆粉饰窗台。

4. 施工人员 17 人。

监理情况：

1. 检查 1 号楼、2 号楼木窗安装情况，符合要求。

2. 检查 3 号楼前檐散水混凝土浇筑情况，混凝土拌和质量符合要求，抽检浇筑厚度，符合要求。

1 号楼安装木窗

3 号楼筑散水

2022 年 7 月 27 日　天气：晴转雨　温度：24 摄氏度～32 摄氏度

施工情况：

1. 1 号楼组装、安装木窗。墙体内粉，刮腻子。修补前廊部位混凝土顶板残损部位，剔除松动、开裂混凝土，用水泥砂浆进行修补。

2. 2 号楼一层前檐地面浇筑混凝土。组装、安装木窗。

3. 2 号楼前部小楼后墙砌筑墙帽。

4. 3 号楼组装、安装断桥铝窗。铲除墙体罩面麻刀白灰。

5. 施工人员 19 人。

监理情况：

1. 检查 1 号楼、2 号楼木窗安装情况，存在缝隙不均匀的情况，符合要求。

2. 检查 2 号楼一层前廊地面浇筑情况，未发现异常。

3. 检查 3 号楼断桥铝窗组装、安装情况，存在纱窗扇与窗框色泽不一致的问题，建设单位同意施工单位使用。

4. 督促施工单位提交断桥铝窗质量证明文件。

5. 监理公司牛老师、张总到施工现场检查工程情况，对墙体新修补部位与原墙体存在色差的问题提出整改要求。

1 号楼安装木窗

2 号楼地面浇筑混凝土

2022 年 7 月 28 日　天气：多云　温度：22 摄氏度～29 摄氏度

施工情况：

1. 1 号楼墙体内粉，刮腻子。组装、安装木窗。前部小房铲除墙体内粉。

2. 2 号楼组装、安装木窗。补砌窗台，水泥砂浆粉饰窗台。

3. 3 号楼一层室内吊顶。组装、安装断桥铝窗。水泥砂浆粉饰窗台。

4. 施工人员 19 人。

监理情况：

1. 检查 1 号楼墙体刮腻子情况，符合要求。

2. 检查 1 号楼、2 号楼木窗安装情况，发现存在窗框与墙体之间缝隙过大的问题，要求施工单位进行处理。

3. 检查 3 号楼断桥铝窗安装情况，符合要求。

1 号楼墙体内粉，刮腻子

2 号楼补砌窗台

2022 年 7 月 29 日　天气：多云　温度：22 摄氏度～32 摄氏度

施工情况：

1. 1 号楼组装、安装木窗。组装、安装断桥铝窗。墙体、吊顶石膏板刮腻子。

2. 2 号楼组装、安装木窗。吊顶石膏板批缝。

3. 3 号楼内墙刷强固。

4. 施工人员 16 人。

监理情况：

1. 检查 1 号楼、2 号楼木窗安装情况，存在开合不顺畅的问题，要求施工单位对所有木窗进行全面检查，发现问题及时处理。

2. 检查 1 号楼墙体、吊顶刮腻子情况，存在气泡情况，要求施工单位进行处理。

1 号楼安装木窗

3 号楼内墙刷强固

2022 年 7 月 30 日　天气：晴　温度：24 摄氏度～31 摄氏度

施工情况：

1. 1 号楼内墙面、吊顶石膏板刮腻子，封窗户口，附属小房墙体内粉，水泥砂浆打底。

2. 2 号楼组装、安装木窗。

3. 施工人员 17 人。

监理情况：

1. 检查 1 号楼内墙面刮腻子情况，未发现异常。

2. 检查 2 号楼木窗安装情况，未发现异常。

1 号楼内墙面刮腻子

2 号楼安装木窗

2022 年 7 月 31 日　天气：小雨　温度：26 摄氏度～32 摄氏度

施工情况：

1. 1 号楼内墙面刮腻子，缝窗户口，附属小房贴仿古面砖。

2. 2 号楼组装、安装断桥铝窗。

3. 施工人员 14 人。

监理情况：

1. 检查 1 号楼内墙面刮腻子情况，未发现异常。

2. 检查 2 号楼断桥铝窗户安装情况，要求施工单位对五金件进行全面检查。

1 号楼内墙面刮腻子

2 号楼组装断桥铝窗

7月监理月报

一、本期工程情况评述

本期工程时间为：

2022年7月1日至2022年7月31日。

本期主要施工情况：

1号楼：墙体内粉，混合砂浆打底，面层刮腻子。加固墙体，锚固拉结筋，安装钢筋网片，M15水泥砂浆抹面。室内吊顶，安装龙骨，安装双纸面石膏板，石膏浆补缝，面层刮腻子。铺设室内地面，室内回填土，三七灰土夯实，浇筑混凝土。铺设散水，开挖散水基础，铺设三七灰土垫层，浇筑混凝土，面层收光。安装木窗。挖补墙体酥碱青砖。

2号楼：墙体内粉，混合砂浆打底。加固墙体，锚固拉结筋，安装钢筋网片，M15水泥砂浆抹面。室内吊顶，安装龙骨，安装双纸面石膏板。铺设室内地面，铺设砂石垫层，浇筑混凝土。铺设散水，开挖散水基础，浇筑挡水地梁，铺设三七灰土垫层，浇筑混凝土，面层收光。拆除前部二层小楼屋面和前墙，后墙增砌墙帽。拆除南侧两间前廊后人改建时砌筑的隔墙，补砌南侧两间前廊前部隔墙和南山墙后开门洞。修补前廊一层残损的混凝土梁，提出松动、开裂的混凝土，生锈钢筋除锈，加设钢筋，支模板，浇筑C30灌浆料。安装木窗。补砌窗台。

3号楼：墙体内粉，混合砂浆打底。加固墙体，锚固拉结筋，安装钢筋网片，M15水泥砂浆抹面。室内吊顶，安装龙骨，安装双纸面石膏板。铺设室内地面，室内回填土，三七灰土夯实，浇筑混凝土。铺设散水和门口坡道，开挖基础，铺设三七灰土垫层，浇筑混凝土，面层收光。安装木窗。安装断桥铝窗。修补北1间槽形板裂缝，提出裂缝部位混凝土，加设钢筋，支模板，浇筑C30灌浆料。楼梯扶手和楼梯间高窗重做油漆，剔除起甲油饰，重新油漆。

投入施工人员：平均17人/天。

投入设备：水准仪、打灰机、搅拌机、电焊机、空压机、角磨机、电钻、运输车等工具。

主要使用材料：成品木窗、成品断桥铝窗、青砖、红砖、水泥、中砂、钢筋、植筋胶、轻钢龙骨、双纸面石膏板、腻子、石膏粉、油漆等。

本期重要事件概述：

7月27日，监理单位牛老师、张总对工程情况进行了检查，对工程中存在的墙体新修补部位与原墙体存在色差的问题提出整改要求。

二、本期工程进度完成情况

本期施工进度情况如下表：

施工进度表

建筑单体	施工部位	完成情况
1 号楼	屋面	全部工程量已完成
	大木架	全部工程量已完成
	墙体	正在进行内粉施工，完成墙体总工程量的 98%
	天棚吊顶	天棚吊顶正在进行面层刮腻子施工，完成天棚吊顶总工程量的 85%
	地面	全部工程量已完成
	门窗	正在进行木窗安装，完成总工程量的 80%
	散水	全部工程量已完成
	油饰	全部工程量已完成
2 号楼	屋面	全部工程量已完成
	大木架	全部工程量已完成
	墙体	正在进行内粉施工，完成墙体总工程量的 95%
	天棚吊顶	天棚吊顶石膏板安装已完成，完成天棚吊顶总工程量的 75%
	地面	全部工程量已完成
	门窗	正在进行木窗安装施工，完成门窗总工程量的 75%
	散水	全部工程量已完成
	油饰	全部工程量已完成
3 号楼	屋面	全部工程量已完成
	大木架	全部工程量已完成
	墙体	正在进行墙体内粉施工，完成墙体总工程量的 85%
	天棚吊顶	天棚吊顶正在进行石膏板安装施工，完成天棚吊顶总工程量的 75%
	地面	全部工程量已完成
	门窗等木装修	正在进行木窗、断桥铝窗安装，完成总工程量的 80%
	散水	全部工程量已完成
	油饰	全部工程量已完成

三、材料检验审核

1. 进场材料情况：

7 月 6 日进场木质门窗；7 月 8 日进场卡式龙骨 800 支，覆面龙骨 1000 支，双纸面石膏板（2400毫米 ×1200毫米 ×9.5毫米）500张；7月12日进场灌浆料3吨；7月22日进场腻子粉3吨。

2. 本月，场外加工的成品木窗、断桥铝窗陆续进场，监理人员对进场成品的原材料质量、尺寸规格、加工质量等进行检查，要求施工单位提供原材料的合格证明文件。监理人员对灌浆料、轻钢龙骨、石膏板的外观质量进行了检查，对材料的规格等进行了核查，查看了施工单位提供的材料合格证明文件。

3. 监理人员要求施工单位按照设计图纸要求制作灰浆，现场对1∶3∶9水泥石灰砂浆、M15水泥砂浆的配合比和拌和质量进行检查，对C30灌浆料加水比例和拌和质量进行检查。

四、工程质量

本期施工的主要部位包括墙体内粉、墙体加固、室内地面、散水、室内吊顶、门窗安装等，专业分包施工人员较多，监理人员督促施工单位对分包施工人员做好技术交底。监理人员重点对墙体加固、室内吊顶、室内地面的施工质量等进行检查。

监理人员坚持每天巡查施工现场，对于发现的问题现场即时指出，要求施工方进行整改，保证工程质量。

发现问题及采取的措施：

1. 检查发现3号楼北3间和北4间后檐墙内墙面、北2间和北1间后檐墙内墙面钢筋网片安装存在钢筋间距不符合要求的问题，要求施工单位进行整改。

2. 检查1号楼墙体内粉情况，存在墙面基底灰土清理不干净的温度，要求施工单位进行清理，保证内粉黏结效果。

3. 检查发现2号楼挡水地梁混凝土浇筑存在混凝土拌和不均匀的问题，要求施工单位进行整改，提醒施工单位浇筑混凝土及时振捣。

4. 检查1号楼室内回填施工情况，存在虚铺过厚的问题，要求施工单位进行整改。

5. 检查2号楼南4间混凝土梁残损部位维修情况，发现施工单位使用水泥砂浆对露筋部位进行修补，不符合要求，要求施工单位进行整改，使用灌浆料修补混凝土残损部位。

6. 检查3号楼一层木窗安装情况，存在不顺畅的问题，要求施工单位进行处理。

7. 检查1号楼、2号楼木窗安装情况，发现存在窗框与墙体之间缝隙过大的问题，要求施工单位进行处理。

五、工程安全

本期天气炎热，监理人员要求施工单位做好防暑降温措施。

日常巡视中，监理人员对发现的安全隐患及时要求整改，监督施工单位落实整改措施。本期主要进行了以下工作：

1. 7月22日，监理单位、施工单位对施工现场安全情况进行了检查，对检查中发现的问题要求施工单位落实整改措施。

2. 现场检查发现施工人员存在未穿戴反光背心和安全帽的情况，当场进行指正，并要求施工单位加强管理。

3. 现场检查发现1号楼吊顶施工人员在高空作业时为佩戴安全带，监理人员当场进行指正。

4. 雨天要求施工单位暂停室外、高空作业，切断电源，按照建设单位要求在三个建筑的门洞口放置阻水沙袋，做好防汛工作。

六、工程量审核

本期施工单位按照设计图纸进行施工，监理人员对施工单位施工工程量进行检查，施工单位未提交关于工程量审核的申请。

七、本期监理工作小结

本期主要进行了如下工作：

1. 对三座建筑墙体维修加固施工质量进行把控，发现问题及时要求施工单位进行整改。

2. 对成品木窗、断桥铝窗的质量进行检查，要求施工单位提供质量证明文件。

3. 对墙体加固等重点部位进行旁站检查。

4. 督促施工单位提交报审报验资料。

八、下期监理工作打算

1. 近期极端天气较多，督促施工单位加强防范应对措施，做好防汛工作。

2. 对门窗安装等重点部位进行重点检查。

3. 督促施工单位及时提交报审报验资料。

4. 工程接近尾声，督促施工单位做好自检自查，发现质量问题，及时进行整改。

5. 收集、整理好监理资料。

九、总监理工程师意见

工程接近尾声，监理人员要继续加强对工程质量的检查，会同施工单位对施工质量进行全面检查，发现问题，及时处理。

按照《全国重点文物保护单位工程竣工验收管理办法》的规定收集、整理好监理资料，确保监理真实、完整地反映工程情况。

2022 年 8 月 1 日　天气：晴　温度：25 摄氏度～34 摄氏度

施工情况：

1. 1 号楼安装木门框，前部小房仿古面砖勾缝。墙体内粉，刮腻子。

2. 2 号楼安装断桥铝窗，安装木门框。

3. 3 号楼维修雨棚，改善雨棚排水，加大上面坡度。室内吊顶石膏板批缝。

4. 施工人员 16 人。

监理情况：

1. 检查 1 号楼、2 号楼木门框安装情况，发现存在安装过程中造成门框劈裂的问题，要求施工单位进行处理。

2. 检查 1 号楼墙体刮腻子施工情况，未发现异常。

1 号楼安装木门框

3号楼维修雨棚

2022年8月2日　天气：晴　温度：26摄氏度～35摄氏度

施工情况：

1. 2号楼墙体内粉，刮腻子。安装断桥铝窗，封窗户口。

2. 3号楼墙体内粉，刮腻子。

3. 施工人员19人。

监理情况：

1. 检查2号楼、3号楼内墙刮腻子施工情况，未发现异常。

2. 检查断桥铝窗户安装情况，要求施工单位对窗户进行全面检查，发现问题及时处理。

2号楼安装断桥铝窗

2 号楼墙体内粉，刮腻子

2022 年 8 月 3 日　天气：晴　温度：27 摄氏度～37 摄氏度

施工情况：

1. 2 号楼墙体和吊顶石膏板刮腻子。

2. 3 号楼墙体和吊顶石膏板刮腻子。

3. 施工人员 19 人。

监理情况：

检查 2 号楼、3 号院墙体和石膏板刮腻子情况，未发现异常。

2 号楼吊顶石膏板刮腻子

3 号楼墙体刮腻子

2022 年 8 月 4 日　天气：多云　温度：29 摄氏度～37 摄氏度

施工情况：

1. 2 号楼墙体和吊顶石膏板刮腻子。

2. 3 号楼墙体和吊顶石膏板刮腻子。

3. 施工人员 7 人。

监理情况：

检查 2 号楼、3 号院墙体和石膏板刮腻子情况，未发现异常。

2 号楼吊顶石膏板刮腻子

2022年8月5日　天气：多云　温度：29摄氏度～38摄氏度

施工情况：

1. 2号楼、3号楼内墙面、吊顶石膏板刮腻子。

2. 施工人员7人。

监理情况：

检查2号楼、3号楼内墙面和吊顶刮腻子情况，发现存在边角不顺直的情况，要求施工单位进行处理。

2号楼吊顶石膏板刮腻子

3号楼刮腻子后效果

2022 年 8 月 6 日　天气：多云　温度：30 摄氏度～38 摄氏度

施工情况：

1. 2 号楼墙体内粉刮腻子。

2. 施工人员 7 人。

监理情况：

检查 2 号楼墙体内粉刮腻子施工情况，未发现异常。

2 号楼墙体内粉刮腻子

2022 年 8 月 7 日　天气：雨　温度：19 摄氏度～27 摄氏度

施工情况：

1. 1 号楼、3 号楼墙体内粉腻子打磨。

2. 2 号楼墙体内粉刮腻子。

3. 施工人员 7 人。

监理情况：

1. 检查 1 号楼、3 号楼内粉腻子打磨情况，符合要求。

2. 检查 2 号楼墙体内粉刮腻子情况，符合要求。

1号楼打磨墙体

2022年8月8日　天气：晴转阴　温度：27摄氏度～36摄氏度

施工情况：

1. 1号楼墙体内粉，刷乳胶漆。

2. 2号楼墙体内粉，刮腻子。

3. 3号楼墙体内粉，打磨腻子。

4. 施工人员7人。

监理情况：

检查1、2、3号楼墙体内粉情况，未发现异常。

1号楼墙体刷乳胶漆

2022年8月9日　天气：阴　温度：21摄氏度～28摄氏度

施工情况：

1. 1号楼内墙刷乳胶漆，前廊柱子、栏杆刷乳胶漆。

2. 2号楼内墙刮腻子。

3. 施工人员7人。

监理情况：

检查1号楼内墙、前廊柱子和栏杆刷涂料情况，前廊柱子、栏杆面层基底处理不到位，观感效果差，要求施工单位进行整改，重新处理基底。

1号楼前廊柱子、栏杆刷乳胶漆

2022年8月10日　天气：阴　温度：21摄氏度～29摄氏度

施工情况：

1. 1号楼前廊柱子、栏杆刮腻子，刷乳胶漆。

2. 2号楼打磨内粉腻子。

3. 3号楼内墙刷乳胶漆。

4. 施工人员7人。

监理情况：

1. 检查 1 号楼墙体内粉情况，墙体与地面结合边角部位不顺直，要求施工单位进行处理。

2. 检查 2 号楼内墙腻子打磨情况，符合要求。

3 号楼内墙刷乳胶漆

2022 年 8 月 11 日　天气：多云　温度：24 摄氏度～35 摄氏度

施工情况：

1. 1 号楼安装木门，前廊柱子、栏杆刮石膏腻子。

2. 2 号楼安装木门，前廊柱子、栏杆刮石膏腻子。

3. 1 号楼、3 号楼安装木门。

4. 施工人员 10 人。

监理情况：

1. 检查 1、2、3 号楼木门安装情况，检查安装垂直度和开合顺畅程度，符合要求。

2. 检查 1 号楼、2 号楼前廊柱子、栏杆刮石膏腻子情况，存在表面不平、边角不直的问题，要求施工单位进行整改。

2 号楼前廊柱子刮石膏腻子

1 号楼安装木门

2022 年 8 月 12 日　天气：晴　温度：26 摄氏度～38 摄氏度

施工情况：

1. 1 号楼前廊柱子、栏杆刷乳胶漆。

2. 2 号楼前廊柱子、栏杆刮石膏腻子，打磨腻子。

3. 2 号楼安装木门。

4. 施工人员 10 人。

监理情况：

1. 检查 1 号楼、2 号楼前廊柱子、栏杆粉饰情况，符合要求。

2. 检查 2 号楼木门安装情况，存在开合不顺畅的问题，要求施工单位进行处理。

2 号楼前廊柱子刮石膏腻子

2 号楼安装木门

2022 年 8 月 13 日　天气：阴　温度：27 摄氏度～38 摄氏度

施工情况：

1. 1 号楼、2 号楼前廊柱子、栏杆刷乳胶漆。

2. 1 号楼安装木门。

3. 施工人员 12 人。

监理情况：

1. 检查 1 号楼木门安装情况，符合要求。

2. 检查 1 号楼、2 号楼前廊柱子、栏杆刷乳胶漆情况，符合要求。

1 号楼前廊柱子、栏杆刷乳胶漆

2022 年 8 月 14 日　天气：多云　温度：29 摄氏度～37 摄氏度

施工情况：

1. 1 号楼、3 号楼安装木门。

2. 1 号楼、2 号楼前廊柱子、栏杆刷乳胶漆。

3. 施工人员 10 人。

监理情况：

1. 检查 1 号楼、3 号楼木门安装情况，符合要求。

2. 检查 1 号楼、2 号楼前廊柱子、栏杆刷乳胶漆情况，符合要求。

3. 要求施工单位及时对施工现场垃圾进行清扫。

3 号楼安装木门

2 号楼前廊柱子、栏杆刷乳胶漆

2022 年 8 月 15 日　天气：晴转阴　温度：28 摄氏度～37 摄氏度

施工情况：

1. 1 号楼木门安装套线。

2. 2 号楼、3 号楼安装断桥铝窗户玻璃。

3. 施工人员 4 人。

监理情况：

1. 检查 1 号楼木门套线安装情况，符合要求。

2. 检查 2 号楼、3 号楼断桥铝窗户玻璃安装情况，符合要求。督促施工单位对五金件进行调整，保证使用功能。

3 号楼安装断桥铝窗户玻璃

8 月监理月报

一、本期工程情况评述

本期工程时间为：

2022 年 8 月 1 日至 2022 年 8 月 15 日。

本期主要施工情况：

1 号楼：内墙面、吊顶和走廊柱子、栏杆面层刮泥子刷乳胶漆，安装木门，安装断桥铝窗。

2号楼：内墙面、吊顶和走廊柱子、栏杆面层刮泥子刷乳胶漆，安装木门，安装断桥铝窗。

3号楼：内墙面、吊顶和走廊柱子、栏杆面层刮泥子刷乳胶漆，安装木门，安装断桥铝窗。

投入施工人员：平均7人/天。

投入设备：打灰机、手提式电刨、电钻、运输车等工具。

主要使用材料：成品木门、成品断桥铝窗、泥子、石膏粉、乳胶漆等。

本期重要事件概述：

8月22日，建设单位组织工程四方人员对工程进行了四方验评，四方一致认为本工程质量合格，对工程中存在的问题，要求施工单位进行整改。

二、本期工程进度完成情况

本期施工进度情况如下表：

施工进度表

建筑单体	施工部位	完成情况
1号楼	屋面	全部工程量已完成
	大木架	全部工程量已完成
	墙体	全部工程量已完成
	天棚吊顶	全部工程量已完成
	地面	全部工程量已完成
	门窗	全部工程量已完成
	散水	全部工程量已完成
	油饰	全部工程量已完成
2号楼	屋面	全部工程量已完成
	大木架	全部工程量已完成
	墙体	全部工程量已完成
	天棚吊顶	全部工程量已完成
	地面	全部工程量已完成
	门窗	全部工程量已完成
	散水	全部工程量已完成
	油饰	全部工程量已完成

续表

建筑单体	施工部位	完成情况
3号楼	屋面	全部工程量已完成
	大木架	全部工程量已完成
	墙体	全部工程量已完成
	天棚吊顶	全部工程量已完成
	地面	全部工程量已完成
	门窗等木装修	全部工程量已完成
	散水	全部工程量已完成
	油饰	全部工程量已完成

三、材料检验审核

1. 进场材料情况：8月4日进场内墙乳胶漆50桶。

2. 监理人员现场检查乳胶漆质量，核对质量证明文件。

3. 监理人员要求施工单位按照规范要求拌制泥子粉浆、石膏粉浆，现场对水灰比和拌和质量进行检查。

四、工程质量

本期施工的主要部位包括墙体内粉、吊顶面层粉饰、走廊栏杆和柱子粉饰、木门安装等，专业分包施工人员较多，监理人员督促施工单位对分包施工人员做好技术交底。

监理人员坚持每天巡查施工现场，对于发现的问题现场即时指出，要求施工方进行整改，保证工程质量。

发现问题及采取的措施：

1. 检查1号楼内墙、前廊柱子和栏杆刷涂料情况，前廊柱子、栏杆面层基底处理不到位，观感效果差，要求施工单位进行整改，重新处理基底。

2. 检查1号楼、2号楼前廊柱子、栏杆刮石膏泥子情况，存在表面不平、边角不直的问题，要求施工单位进行整改。

3. 检查2号楼木门安装情况，存在开合不顺畅的问题，要求施工单位进行处理。

五、工程安全

本期天气炎热，监理人员要求施工单位做好防暑降温措施。

日常巡视中，监理人员对发现的安全隐患及时要求整改，监督施工单位落实整改措施。

六、工程量审核

本期施工单位按照设计图纸进行施工，监理人员对施工单位施工工程量进行检查，施工单位未提交关于工程量审核的申请。

七、本期监理工作小结

本期主要进行了如下工作：

1. 对三座建筑墙体内粉、门窗安装施工质量进行把控，发现问题及时要求施工单位进行整改。

2. 督促施工单位提交报审报验资料。

3. 对施工完成的分项工程进行验收。

4. 整理、完善监理资料。

5. 参加建设单位组织的四方验评。

八、下期监理工作打算

1. 继续整理完善监理资料。

2. 加强同建设单位的联系，做好竣工验收的准备工作。

九、总监理工程师意见

按照《全国重点文物保护单位工程竣工验收管理办法》的规定收集、整理好监理资料，确保监理真实、完整地反映工程情况。

做好竣工验收准备工作。

第五章　工程竣工报告

一、工程概况

工程名称： 河南省文物考古研究院1号楼、2号楼、3号楼修缮工程

工程地点： 郑州市管城区陇海北三街9号院内

保护级别： 省级保护单位

结构类型： 砖、木结构

工　　期： 180日历天

质量标准： 合格

资金来源： 自筹

承包方式： 总承包

工程内容： 屋面挑顶及地面等维修

建设单位： 河南省文物考古研究院

监理单位： 河南安远文物保护工程有限公司

设计单位： 河南省文物保护研究设计中心

施工单位： 河南省龙源古建园林技术开发公司

二、修缮原则与依据

（一）修缮原则

1.“不改变文物原状”的原则

按照《中华人民共和国文物保护法》对残损文物进行修缮、保养、迁移、必须遵

守“不改变文物原状”的原则和文物工作贯彻“保护为主抢救第一，合理利用，加强管理的方针”，在维修时遵循“不改变文物原状”的原则，尽可能多地利用原材料，保存原有构件，使用原工艺，延续文物的历史信息和时代特征。

2.“安全第一”的原则

安全第一是修缮工程的保障，文物的安全与人员的安全同等重要，施工中应设置防火、防雨设备，设置完善的安全设施，并对施工人员及周围群众做好安全宣传、教育和疏导工作，确保人员及文物建筑的安全。

3. 保障质量的原则

施工单位应严格按照设计文件和《古建筑木结构维护与加固技术规范》及各相关规范施工。

文物修缮的成功与否，关键是质量。必须选派有相应古建修缮资格的专业施工人员，修缮过程中必须要加强质量意识与管理工作。材料的采购，必须按照部标或国标选择优质产品，严禁以次充好，偷工减料等行为。修缮工艺，施工工序要符合国家古建筑修缮有关质量标准与法规。

4. 可逆性、可再处理的原则

修缮工程中，坚持修缮过程的可逆性，保证修缮后的可再处理性。尽量选择使用与原构件相同、相近或兼容的材料，使用原有工艺技术法，保持最多的历史信息。为后人的研究、识别、留有更多的空间。

5. 遵循传统、保持地方风格的原则

地方建筑风格与传统工艺手法，对于研究各地区建筑史和各地区传统建筑工艺具有极高的价值。在修缮过程中应加以识别，不主观臆断，遵循传统，保持地方建筑风格的多样性、传统工艺手法的地域性和营造手法的独特性。

6. 资料收集

拆除施工中对各重要隐蔽部位及其节点处均进行拍照、画草图记录存档，以备修复施工中参照。提交完整的竣工档案资料，并归档保存。

①坚持科学规划、原状保护的原则：按照《中华人民共和国文物保护法》，对文物工作必须贯彻“保护为主，抢救第一，合理利用，加强管理”的方针。在修缮时遵循“整旧如旧”的理念，尽最大可能利用原有材料，保存原有构件，使用原有工艺，保存历史信息，保持文物建筑的特性，不改变文物原状。

②安全为主的原则：保证修缮过程中文物的安全和施工人员的安全同等重要，文物的生命与人的生命是同样不可再生的。坚持安全为主的原则，是文物修缮过程中的最低要求。

③质量第一的原则：河南省文物考古研究院1号楼、2号楼、3号楼修缮工程的成功与否，关键是质量，在修缮过程中一定要加强质量意识与工程管理，从工程材料、修缮工艺、施工工序等方面都要符合国家有关质量标准与法规。

④可逆性、可再处理性原则：在此次修缮过程中，坚持修缮过程的可逆性，保证修缮后的可再处理性，尽量选择使用与原构相同、相近或兼容的材料，使用传统工艺技法保护修缮，为后人的研究、识别、处理、修缮留有更多的空间，提供更多的历史信息。

（二）施工依据

依照质量管理体系标准和公司相关程序，依照工程所及的相关施工验收规范，依照国家建设工程和古建筑工程质量检验评定标准，依据建设单位的图纸以及国家、地方对施工现场管理的有关规定编制本施组，作为贯彻指导施工管理全过程的指南。

主要依据文件、文献：

《中华人民共和国文物保护法》

依据《河南省文物考古研究院1—3号楼保护修缮设计方案》

《中华人民共和国文物保护法实施细则》

《中华人民共和国国家标准·古建筑木结构维护与加固技术规范》

《古建筑修建工程质量检验评定标准》（北方地区）

国家和上级单位及公司有关安全生产、文明施工的法规和规定

依据《河南省文物考古研究院1—3号楼保护工程施工合同》

《中国文物古迹保护准则》

《中华人民共和国环境保护法》

文化部颁发的《纪念建筑、古建筑、石窟寺等修缮工程管理办法》

《国际古迹保护与修复宪章》

《古建筑木结构维护与加固技术规范》

《古建筑修建工程施工与质量验收规范》

《建筑工地施工现场供用电安全规范》

《施工现场临时用电安全技术规范》

《建筑安装工程质量检验评定统一标准》

《建筑工程质量检验评定标准》

《建筑机械使用安全技术规程》

《建筑施工安全检查标准》

《砌体工程施工及验收规范》

《古建筑木结构维修加固技术规范》

《古建筑修建工程质量检验评定标准》

《建筑地面规程施工及验收规范》

三、主要项目的维修施工方法

（一）脚手架工程

1. 脚手架工程搭设原则

横平竖直，整齐清晰，图形一致，平竖通顺，连接牢固。

落地脚手架的搭设准备工作：脚手架最下层立杆下，统长加垫板，以均匀地传递脚手架集中力。

首先脚手架的步高为 1.80 米，离底部 200 毫米处设一道扫地杆，以保持脚手架底部的整体性。

脚手架立杆应间隔交叉用不同长度的钢管搭设，将相邻的对接接头位于不同的高度上，使立柱受荷的薄弱截面错开。

每步脚手架设踢杆和扶手杆，侧面有竹笆和绿色密目安全网。

2. 脚手架的施工要点

脚手架两端，转角处以及水平向每隔 7 米应设剪刀撑，与地面的夹角应为 45 度～60 度。

脚手板层层满铺，绑扎牢固确保无探头板。

脚手架上堆放施工用料荷载不得超过 3KN/m^2。

脚手架里立杆应低于沿口底50厘米，外立杆高出沿口1.5米。

吊运机械严禁挂设在脚手架上使用，另立单独设置，吊运机械和索具要经过检查安全可靠的才允许使用。

当日班内未能结束的工作，结束后再下班，或者进行临时加固。

遇强风、雨等恶劣天气以及夜间，不安排进行脚手架的搭设施工。

外架搭设完毕，经工程管理有关人员验收合格后挂牌使用。使用中做好外架日常安全检查和维护工作，并做好安全记录台账。

外架拆除应按照明确的拆除程序进行。在拆除过程中，凡已松开连接的杆配件应及时拆除运走，避免误扶和误靠已松脱联结的杆件，拆下的杆配件应以安全的方式运出和吊下，严禁向下抛掷。在拆除过程中，应做好配合，协调动作，禁止单行拆除较重杆件等危险性作业。

（二）1号楼维修措施

散水：清理室外对建筑本体造成直接损害滋生的竹子、杂树等植被30余平方米，移植树木4棵，修剪树木3棵。依据设计要求对散水式样及做法补配宽800毫米散水，散水做法：素土夯实，向外坡4%→150毫米厚三七灰土→60毫米厚C15厚混凝土，面上加5毫米厚1:1水泥砂浆随打随抹光。

地面：清理室内四处堆集垃圾，铲除原残损严重的室内水泥地面，由于室内地面低于室外地面30余厘米，室内潮湿。依据设计及图纸会审记录要求，提高室内地坪45厘米，重做室内及前廊地坪，地坪做法：素土夯实→60毫米厚C15混凝土→素水泥浆结合层一遍→20毫米厚1:2水泥砂浆抹面压光。完成一层地面及走廊189.2平方米。

墙体：墙体为青砖（规格260毫米×130毫米×66毫米）和混合砂浆砌筑，由于被后人改造，局部有红机砖砌筑7平方米，外墙均被后人喷涂为白色涂料及粉刷层524.5平方米。墙体砌体部分受潮酥碱、剥落的水泥缝，面积共500余平方米。

依据设计要求，清理外墙白色涂料及粉刷层524.5平方米。用M7.5水泥砂浆重新勾缝524.5平方米。轻度酥碱的墙砖，继续使用；对酥碱深度大于30毫米的墙砖，用小铲或凿子将酥碱部分剔除干净，用砍磨加工后的砖块按原位、原形制镶嵌，用石灰砂浆粘贴牢固，用M5水泥砂浆勾缝。

装修：依据设计及图纸会审记录要求：参照建筑内遗存门、窗形制及式样重新补配。共计补配木质门17樘，补配木质窗户43樘按照扶手原形制进行修补走廊扶手7.2米。

上架：由于屋面局部漏雨，部分檩条开裂、糟朽，两梢间檩条外挑部分受风雨影响严重糟朽，后檐外挑部分的挑梁及檐檩受风雨影响严重糟朽。由设计人员现场制定修缮方法。按照原材质原尺寸进行修复或更换，并做防腐处理，防腐采用生桐油刷2遍～3遍。

屋面：此次挑顶维修，更换所有糟朽、断裂，已失去承载力的挡瓦条，更换全部遮檐板、博缝板，在继续保持原屋面做法的基础上，保留了北梢间东侧部分原望板。在望板上部增设2层加厚油毡的做法，以满足其实际需要。屋面做法：27毫米厚望板满铺→2层油毡→10毫米压毡条→30毫米×30毫米挡瓦条按瓦距铺设→红色机制瓦件，规格：420毫米×240毫米×25毫米。木构件全部做防腐处理，防腐采用生桐油刷3遍。

油饰：依设计要求及原存木构件颜色，对遮檐板、博缝板、门、窗等装修油饰构件刷3道铁红油漆保护。

室内抹灰：室内抹灰材料为白灰混合砂浆。由于年久失修室内墙面受潮及自然因素，大部分抹灰层脱落或起皮。依设计要求对内墙面抹灰采用原工艺、原材料进行修复。完成工程量930余平方米。

吊顶：室内顶棚被后人多次改造，现存吊顶有木龙骨、木板条抹灰吊顶、部分残损。依设计要求，拆除原有吊顶，改为50系列U形轻钢龙骨材料，双层纸面石膏板，刷白色乳胶漆2道。完成工程量380余平方米。

墙体加固：依据河南省建筑工程质量检测测试中心站有限公司出具的编号为WTS02-2021-2022的河南省文物考古研究院1号、2号、3号楼安全检测报告，现该建筑鉴定单元的安全性评级为Csu级，须对结构进行加固。结构进行加固技术要点如下：

1. 施工程序：放线→打孔→清孔→钢筋处理→注胶→钢筋植入→钢筋网片焊接→M15水泥砂浆面层加固。

2. 施工方法

打孔：施工要求定位定孔径打孔至要求最大深度12厘米。

清孔：打孔后用吹气筒吹净孔内粉尘，并用丙酮清洗。

钢筋处理：需植入的钢筋表面打磨出金属光泽用丙酮擦净。

注胶：采用胶枪注入植筋胶。

钢筋植入：把配制的胶料注入孔内，插入钢筋，表面少许溢胶为宜。

3. 材料技术要求：混凝土采用高强无收缩灌浆料，水泥砂浆强度为 M15。拉结筋为 C10@600，钢筋网片 C6@200。

完成植筋、钢筋网片焊接后在墙面刷水泥浆一道用强度为 M15 水泥砂浆分层抹平，厚度为 50 毫米。面层洒水养护。完成加固面积 47 多平方米。

（三）2 号楼维修措施

散水：清理室外对建筑本体造成直接损害滋生的竹子、杂树等植被 26 余平方米，移植树木 5 棵。依据设计要求对散水式样及做法补配宽 800 毫米散水，散水做法：素土夯实，向外坡 4%→ 150 毫米厚三七灰土→ 60 毫米厚 C15 厚混凝土，面上加 5 厚 1∶1 水泥砂浆随打随抹光。

地面：清理室内四处堆集垃圾，铲除原残损严重的室内水泥地面，由于室内潮湿。依据设计及图纸会审记录要求，提高室内地坪 10 厘米，重做室内及前廊地坪，地坪做法：素土夯实→ 60 毫米厚 C15 混凝土→素水泥浆结合层一遍→ 20 毫米厚 1∶2 水泥砂浆抹面压光。完成一层地面及走廊 180 余平方米。

墙体：墙体为青砖（规格 260 毫米 ×130 毫米 ×66 毫米）和混合砂浆砌筑，由于被后人改造，局部有红机砖砌筑 6 平方米，外墙均被后人喷涂为白色涂料及粉刷层 420.5 平方米。墙体砌体部分受潮酥碱、剥落的水泥缝，面积共 400 余平方米。

依据设计要求，清理外墙白色涂料及粉刷层 420.5 平方米。用 M7.5 水泥砂浆重新勾缝 420.5 平方米。轻度酥碱的墙砖，继续使用；对酥碱深度大于 30 毫米的墙砖，用小铲或凿子将酥碱部分剔除干净，用砍磨加工后的砖块按原位、原形制镶嵌，用石灰砂浆粘贴牢固，用 M5 水泥砂浆勾缝。

装修：依据设计及图纸会审记录要求：拆除被后人改造的铝合金门、窗，参照建筑内遗存门、窗形制及式样重新补配。共计补配木质门 14 樘，补配木质窗户 32 樘。

上架：由于屋面局部漏雨，部分檩条开裂、糟朽，南梢间被后人拆除改造檩条外挑部分均为后接，严重影响结构安全，后檐外挑部分的挑梁及檐檩受风雨影响严重糟朽。由设计人员现场制定修缮方法。按照原材质原尺寸进行修复或更换，并做防腐处理，防腐采用生桐油刷 3 遍。

屋面：此次挑顶维修，更换所有糟朽、断裂，已失去承载力的挡瓦条，更换全部遮檐板、博缝板，在继续保持原屋面做法的基础上，在望板上部增设2层加厚油毡的做法，以满足其实际需要。屋面做法：27 毫米厚望板满铺→ 2 层油毡→ 10 毫米压毡条→ 30 毫米 ×30 毫米挡瓦条按瓦距铺设→红色机制瓦件，规格：420 毫米 ×240 毫米 ×25 毫米。木构件全部做防腐处理，防腐采用生桐油刷 3 遍。

油饰：依设计要求及原存木构件颜色，用铁红醇酸调和漆对遮檐板、博缝板、门、窗等装修油饰构件刷 3 道。

室内抹灰：室内抹灰材料为白灰混合砂浆。由于年久失修室内墙面受潮及自然因素，大部分抹灰层脱落或起皮。依设计要求对内墙面抹灰采用原工艺、原材料进行修复。完成工程量 700 余平方米。

吊顶：室内顶棚被后人多次改造，现存吊顶有芦席吊顶、塑料扣板吊顶、纸糊顶棚。依设计要求，拆除原有吊顶，改为 50 系列 U 形轻钢龙骨材料，双层纸面石膏板，刷白色乳胶漆 2 道。完成工程量 352 平方米。

墙体加固：依据河南省建筑工程质量检测测试中心站有限公司出具的编号为 WTS02-2021-2022 的河南省文物考古研究院 1 号、2 号、3 号楼安全检测报告，现该建筑鉴定单元的安全性评级为 Csu 级，须对结构进行加固。结构进行加固技术要点如下：

1. 施工程序：放线→打孔→清孔→钢筋处理→注胶→钢筋植入→钢筋网片焊接→ M15 水泥砂浆面层加固。

2. 施工方法

打孔：施工要求定位定孔径打孔至要求最大深度 12 厘米。

清孔：打孔后用吹气筒吹净孔内粉尘，并用丙酮清洗。

钢筋处理：需植入的钢筋表面打磨出金属光泽用丙酮擦净。

注胶：采用胶枪注入植筋胶。

钢筋植入：把配制的胶料注入孔内，插入钢筋，表面少许溢胶为宜。

3. 材料技术要求：混凝土采用高强无收缩灌浆料，水泥砂浆强度为 M15。拉结筋为 C10@600，钢筋网片 C6@200。

完成植筋、钢筋网片焊接后在墙面刷水泥浆一道用强度为 M15 水泥砂浆分层抹平，厚度为 50 毫米。面层洒水养护。完成加固面积 200 多平方米。

（四）3号楼维修措施

散水：清理室外对建筑本体造成直接损害滋生的竹子、杂树等植被30余平方米，移植树木4棵，修剪树木3棵。依据设计要求对散水式样及做法补配宽800毫米散水，散水做法：素土夯实，向外坡4%→150毫米厚三七灰土→60毫米厚C15混凝土，面上加5毫米厚1∶1水泥砂浆随打随抹光。

地面：清理室内四处堆集垃圾，铲除原残损严重的室内水泥地面，由于室内地面低于室外地面30余厘米，室内潮湿。依据设计及图纸会审记录要求，提高室内地坪45厘米，重做室内及前廊地坪，地坪做法：素土夯实→60毫米厚C15混凝土→素水泥浆结合层一遍→20毫米厚1∶2水泥砂浆抹面压光。完成一层地面261平方米。

墙体：墙体为红机砖（规格240毫米×115毫米×50毫米）和混合砂浆砌筑，东侧外墙均被后人喷涂为白色涂料230平方米。西侧及两山墙被后人改为水刷石墙面393平方米，墙体砌体部分受潮酥碱、剥落的水泥缝，面积共约522平方米。

依据设计要求，清理外墙白色涂料及粉刷层623平方米。清理外墙白色涂料先用稀料喷涂，然后用刷子刷掉白色涂料，后用高压水枪冲洗干净即可。清理水泥干黏石时我们采用人工切割的方法施工。第一遍先进行糙切，尽量保证原墙体不被破坏。第二遍进行细磨确保墙体平整，墙面整洁，尽量减少原墙体损伤。完成墙体清理后得到了专家的好评。最后用M7.5水泥砂浆重新勾缝623平方米。轻度酥碱的墙砖，继续使用；对酥碱深度大于30毫米的墙砖，用小铲或凿子将酥碱部分剔除干净，用砍磨加工后的砖块按原位、原形制镶嵌，用石灰砂浆粘贴牢固，用M5水泥砂浆勾缝。对被后人改造的墙体进行拆除，恢复原状。

装修：依据设计及图纸会审记录要求：参照建筑内遗存门、窗形制及式样重新补配。共计补配木质门8樘，补配木质窗户43樘按照扶手原形制进行修补走廊扶手7.2米。

上架：由于屋面局部漏雨，部分檩条开裂、糟朽，两梢间檩条外挑部分受风雨影响严重糟朽，后檐外挑部分的挑梁及檐檩受风雨影响严重糟朽。由设计人员现场制定修缮方法。按照原材质原尺寸进行修复或更换，并做防腐处理，防腐采用生桐油刷3遍。

屋面：此次挑顶维修，更换所有糟朽、断裂，已失去承载力的挡瓦条，更换全部遮檐板、博缝板，在继续保持原屋面做法的基础上，在望板上部增设两层加厚油毡的做法，以满足其实际需要。屋面做法：27毫米厚望板满铺→2层油毡→10毫米压毡条→30毫

米 ×30 毫米挡瓦条按瓦距铺设→红色机制瓦件，规格：420 毫米 ×240 毫米 ×25 毫米。木构件全部做防腐处理，防腐采用生桐油刷 3 遍。

油饰：依设计要求及原存木构件颜色，对遮檐板、博缝板、门、窗等装修油饰构件刷 3 道铁红油漆保护。

室内抹灰：室内抹灰材料为白灰混合砂浆。由于年久失修室内墙面受潮及自然因素，大部分抹灰层脱落或起皮。依设计要求对内墙面抹灰采用原工艺、原材料进行修复。完成工程量 800 多平方米。

吊顶：室内顶棚被后人多次改造，现存吊顶为木龙骨塑料压花吊顶、纸糊顶棚。依设计要求，拆除原有吊顶，改为 50 系列 U 形轻钢龙骨材料，双层纸面石膏板，刷白色乳胶漆 2 道。完成工程量 410 余平方米。

墙体加固：依据河南省建筑工程质量检测测试中心站有限公司出具的编号为 WTS02-2021-2022 的河南省文物考古研究院 1 号、2 号、3 号楼安全检测报告，现该建筑鉴定单元的安全性评级为 Csu 级，须对结构进行加固。结构进行加固技术要点如下：

1. 施工程序：放线→打孔→清孔→钢筋处理→注胶→钢筋植入→钢筋网片焊接→ M15 水泥砂浆面层加固。

2. 施工方法

打孔：施工要求定位定孔径打孔至要求最大深度 12 厘米。

清孔：打孔后用吹气筒吹净孔内粉尘，并用丙酮清洗。

钢筋处理：需植入的钢筋表面打磨出金属光泽用丙酮擦净。

注胶：采用胶枪注入植筋胶。

钢筋植入：把配制的胶料注入孔内，插入钢筋，表面少许溢胶为宜。

3. 材料技术要求：混凝土采用高强无收缩灌浆料，水泥砂浆强度为 M15。拉结筋为 C10@600，钢筋网片 C6@200。

完成植筋、钢筋网片焊接后在墙面刷水泥浆一道用强度为 M15 水泥砂浆分层抹平，厚度为 5 厘米。面层洒水养护。完成加固面积 380 余平方米。

第六章　监理工作总结报告

一、工程概况

工程投资：3860000元

开工日期：2022年3月30日

竣工日期：2022年8月15日

工期总日历天数：140日历天

工程质量等级：合格

本次工程主要是对河南省文物考古研究院1号楼、2号楼、3号楼3座文物建筑进行全面修缮。具体施工内容和措施如下：

1号楼施工表

部位	施工内容
屋面	揭顶维修。拆卸屋面瓦件和糟朽木构件，望板糟朽严重，重新铺设望板，重新铺设自粘防水卷材2道，博缝板和遮檐板糟朽严重全部进行了更换，重新铺钉挂瓦条、顺水条，重新挂瓦，补配缺失、破裂的瓦件和脊饰。
大木架	更换糟朽严重的檩条19根，对檩条劈裂进行嵌补木条黏结加固，更换糟朽严重的挑檐梁4根。
墙体维修	清理墙体外立面后人增加的涂料粉饰，墙体瞎缝补灰缝，挖补墙体酥碱青砖，铲除墙体内粉，重做墙体内粉（水泥石灰砂浆打底，面层刮腻子、刷乳胶漆）。封堵北1间后檐墙后开门洞，恢复为窗洞，封堵室内隔墙后开门洞，打开北3间前檐墙后人封堵的门洞。
墙体加固	清理墙面，锚固拉结筋，安装钢筋网片，灌浆料浇筑地梁，M15水泥砂浆抹内墙面。
地面	抬升一层室内地面标高。室内回填土，浇筑混凝土地面，面层收光。二层木地板铲除脱落油饰，重新油漆。
木装修	拆除后人改建的铁门，恢复为木门，更换糟朽严重的木门和木窗。

续表

部位	施工内容
室内吊顶	重做吊顶。拆除糟朽的、后人改建的室内吊顶，重做轻钢龙骨石膏板吊顶，安装轻钢龙骨，安装双纸面石膏板，面层刮腻子，刷乳胶漆。
屋檐天棚吊顶	重做屋檐天棚吊顶。拆卸糟朽的天棚木构件，安装木龙骨，铺钉天棚板条。
散水	补做散水。开挖基础，三七灰土垫层夯筑，混凝土浇筑挡水地梁，混凝土浇筑散水，面层收光。
油饰	博缝板、遮檐板、天棚板条、木门、木窗、栏杆扶手等木构件重做油饰。批腻子，打磨，刷红色油漆。

2 号楼施工表

部位	施工内容
屋面	揭顶维修。拆卸屋面瓦件和糟朽木构件，重新铺设望板（因望板糟朽严重，故全部进行了更换），重新铺设自粘防水卷材两道，博缝板和遮檐板糟朽严重全部进行更换，重新铺钉挂瓦条、顺水条，重新挂瓦，补配缺失、破裂的瓦件和脊饰。
大木架	更换糟朽严重的檩条 11 根（全部位于南 1 间），对檩条劈裂进行嵌补木条黏结加固。
墙体维修	清理墙体外立面后人增加的涂料粉饰，墙体瞎缝补灰缝，挖补墙体酥碱青砖，铲除墙体内粉，重做墙体内粉（水泥石灰砂浆打底，面层刮腻子、刷乳胶漆）。封堵室内隔墙后开门洞，封堵南山墙后开门洞，打开前廊南侧两间后人封堵的隔墙，恢复南侧两间前檐墙窗洞（上下两层）。
墙体加固	清理墙面，锚固拉结筋，安装钢筋网片，灌浆料浇筑地梁，M15 水泥砂浆抹内墙面。
地面	抬升一层室内地面标高。室内回填土，浇筑混凝土地面，面层收光。
木装修	拆除后人改建的防盗门和塑钢窗，按原形制恢复木门、木窗，更换糟朽严重的木门和木窗。
室内吊顶	重做吊顶。拆除糟朽的、后人改建的室内吊顶，重做轻钢龙骨石膏板吊顶，安装轻钢龙骨，安装双纸面石膏板，面层刮腻子，刷乳胶漆。
屋檐天棚吊顶	重做屋檐天棚吊顶。拆卸糟朽的天棚木构件，安装木龙骨，铺钉天棚板条。
散水	补做散水。开挖基础，三七灰土垫层夯筑，混凝土浇筑挡水地梁，混凝土浇筑散水和坡道，面层收光。
油饰	博缝板、遮檐板、天棚板条、木门、木窗等木构件重做油饰。批腻子，打磨，刷红色油漆。

3 号楼施工表

部位	施工内容
屋面	揭顶维修。拆卸屋面瓦件和糟朽木构件，重新铺设望板（因望板糟朽严重，故全部进行了更换），重新铺设自粘防水卷材 2 道，博缝板和遮檐板糟朽严重全部进行更换，重新铺钉挂瓦条、顺水条，重新挂瓦，补配缺失、破裂的瓦件和脊饰。

续表

部位	施工内容
大木架	更换糟朽严重的檩条16根，对檩条劈裂进行嵌补木条黏结加固，加固糟朽严重的挑檐梁1根。
墙体维修	清理后檐墙外立面后人增加的涂料粉饰，切除前檐墙和两山墙外立面后人增加的干黏石及水泥砂浆面层，墙体睛缝补灰缝，挖补墙体酥碱、碎裂墙砖，铲除墙体内粉，重做墙体内粉（水泥石灰砂浆打底，面层刮腻子、刷乳胶漆）。封堵室内隔墙后开门洞，封堵北山墙门洞，恢复后檐墙北1间、北2间后人封堵的窗洞。
墙体加固	清理墙面，锚固拉结筋，安装钢筋网片，灌浆料浇筑地梁，M15水泥砂浆抹内墙面。
地面	抬升一层室内地面标高。室内回填土，浇筑混凝土地面，面层收光。
木装修	拆除后人改建的铁门，补配木门，更换糟朽严重的木门和木窗。
室内吊顶	重做吊顶。拆除糟朽的、后人改建的室内吊顶，重做轻钢龙骨石膏板吊顶，安装轻钢龙骨，安装双纸面石膏板，面层刮腻子，刷乳胶漆。
屋檐天棚吊顶	重做屋檐天棚吊顶。拆卸糟朽的天棚木构件，安装木龙骨，铺钉天棚板条。
散水	补做散水。开挖基础，三七灰土垫层夯筑，混凝土浇筑散水和坡道，面层收光。
油饰	博缝板、遮檐板、天棚板条、木门、木窗、楼梯扶手等木构件重做油饰。批腻子，打磨，刷红色油漆。

二、监理组织机构、人员及投入设施

签订委托监理合同后，应对工程予以高度重视，结合本修缮工程的特点以及实际工作的需要，监理单位派遣了近现代建筑修缮工程经验丰富的监理工程师成立了项目监理部，监理部设总监理工程师一名，驻地监理工程师一名，并配备了现场监理工作需要的各类设施，从而圆满完成了本次工程的监理工作。项目监理机构人员及投入设施明细如下：

参与本项目的监理组织机构人员配备表

姓名	性别	年龄	职称、职务	监理工作岗位
牛远超	男	31	责任监理师	总监理工程师
吴纯朴	男	37	古建工程师	监理工程师

监理设施表

设备名称	设备用途	设备数量	备注
笔记本电脑	记录工程资料	一台	
照相机	留取工程的照片资料	一部	
卷尺	工程测量	一把	5 米
手机	工地通信联络	两部	
打印机	打印工程资料	一台	

三、监理合同履行情况

（一）项目监理部的建设

根据与业主方签订的委托监理合同的约定，监理单位于 2022 年 3 月 27 日正式成立了以牛远超为总监理工程师的河南省文物考古研究院 1 号楼、2 号楼、3 号楼修缮工程项目监理部。项目监理部配备了近现代建筑修缮监理经验丰富的监理工程师，项目监理部成立后监理人员立即投入工作，对本工程质量、安全、进度进行了严格控制，对合同和信息进行了有效管理，保证了工程圆满竣工。

（二）监理规划的编制

监理规划对工程监理工作起着至关重要的指导作用。监理部在收到业主方提供的设计方案及图纸后认真对其进行了研究，结合对文物建筑的实际情况的了解，根据建筑不同部位（屋面、墙体、地面、木作等）的具体维修措施制定了针对性的质量控制方法及措施，同时监理人员对进度、安全、投资控制及合同、信息管理的程序、方式、内容进行了明确和规定，确保了监理规划编制完善、有效，切合工程实际。

监理部于第一次工地会议召开前将监理规划的正式版本 3 份提交业主方审核通过，在工程进行过程中，监理单位编制的监理规划全面、细致、有效地指导了监理工作的进行。

（三）定期向业主汇报监理工作实施情况

根据委托监理合同的约定，在工程的实施过程中，项目监理部监理人员全程驻地，通过召开工地例会和编写监理月报的方式向业主方定期汇报监理工作实施情况。整个施工过程监理人员合计召开工地例会两次，编写监理月报 4 份，保证了建设单位对监理工作和整个工程进展情况有十分清晰的了解。

（四）监理项目部规章制度的履行情况

在本工程项目实施过程中，各监理人员在监理规划的指导下，严格遵守监理项目部制定的各项规章制度，严格约束自己的行为，坚守职业道德，不“吃、拿、卡、要”，不接受本工程项目承包单位的任何报酬和经济利益，坚持“公平、独立、诚信、科学”的工作原则，公平、合理地维护双方的合法权益。在本工程项目实施过程中，监理人员以身作则，维护了监理方的自身利益和公司的整体利益，为本工程的顺利进行做出了应有的贡献。

四、监理工作成效

（一）工程质量控制成效

1. 进场材料质量控制成效

本次维修工程坚持文物保护的基本原则，对能够使用的原有材料，如：瓦件、青砖、木构件等，经过清理拣选后继续使用。

本次维修工程采购材料清单及监理验收结果明细如下：

日期	进场材料	数量	验收结果
2022 年 4 月 4 日	板材	2000 平方米	合格
2022 年 4 月 5 日	圆木	100 根	合格
2022 年 4 月 5 日	桐油	500 公斤	合格
2022 年 4 月 8 日	自粘防水卷材	500 卷	合格
2022 年 4 月 9 日	红机瓦	2000 块	合格

续表

日期	进场材料	数量	验收结果
2022年5月23日	青砖	5000块	合格
2022年6月14日	钢筋	7吨	合格
2022年6月15日	改性环氧树脂胶粘剂	500支	合格
2022年6月15日	中砂	30立方米	合格
2022年6月15日	水泥	20吨	合格
2022年6月15日	石子	15立方米	合格
2022年7月8日	普通纸面石膏板	500张	合格
2022年7月8日	吊顶覆面龙骨	1000支	合格
2022年7月8日	卡式龙骨	800支	合格
2022年7月12日	灌浆料	3吨	合格
2022年7月22日	内墙普通腻子粉	3吨	合格
2022年8月4日	内墙乳胶漆	50桶	合格

对于所有进场材料，监理人员坚持报审制度，未经审核的材料禁止使用。

对于木料，监理人员按照《古建筑木结构维护与加固技术规范》及设计要求，对木构件含水率、裂缝、虫眼、木节等缺陷进行检查，不合格的禁止使用。

对于瓦件、青砖等传统砖构件，监理人员从色泽、形制、规格、烧结质量等方面与原有构件进行对比，参照设计要求，进行检验审核。

对于植筋胶、灌浆料、轻钢龙骨、石膏板、腻子粉等现代材料，监理人员现场检查了外观质量、规格型号，核对了施工单位提交的质量证明文件。

对于水泥、钢筋、中砂等材料，监理人员现场检查外观质量、核对质量证明文件，见证施工单位进行了取样送检。

对于1∶3∶9水泥石灰砂浆、M15水泥砂浆、M7.5水泥砂浆、C15混凝土、C30灌浆料等现场加工的灰浆材料，监理人员监督施工方严格按照设计要求的配合比进行搅拌，使用强制拌和设备进行搅拌，对于现场检查发现的配合比不符合要求、拌和不均匀的问题，监理人员当场要求施工单位进行整改。

对于场外加工的木门、木窗等成品构件，监理人员要求施工单位提供原材料合格证明文件，进场时，监理人员对成品构件的样式、规格进行检查，合格后方可进场。

经过监理人员的严格把关，用于施工的材料均满足设计和规范要求，质量合格。

2. 屋面瓦、木基层构件、门窗、吊顶拆卸质量控制成效

拆卸施工之前，监理人员要求施工单位对文物建筑的屋面、墙体及梁架结构进行检查，保证结构安全之后方可进行拆卸施工。

（1）瓦件拆卸

在屋面瓦件拆卸过程施工中，监理人员监督施工人员谨慎施工，对于完好的、能重复利用的瓦件要小心拆卸、轻拿轻放，按顺序堆放整齐，妥善保管，以便继续使用。

（2）木构件拆卸

木构件拆卸过程中，监理人员要求施工单位严格遵循文物保护的“最小干预”原则，对于保护较好、糟朽程度不满足设计和规范拆除条件的木构件不得进行拆除，仅作加固和防腐处理。对于需要拆卸的构件，要求施工单位做好记录和统计。

因为望板、顺水条、挂瓦条和遮檐板、博缝板糟朽严重，因此拆卸更换量较大，仅对1号楼北抱厦望板进行了保留。三个建筑的梁架保存普遍较好、残损较轻，本次修缮仅对糟朽严重的檩条进行了拆卸。

（3）门窗拆卸

三个建筑的门窗均存在被后人改造为防盗门、铁门、塑钢窗的问题，未被改造的木门窗普遍存在糟朽的情况，图纸会审和设计交底时，设计单位同意将除3号楼楼梯间高窗以外的门窗都进行更换，因此，拆卸阶段对需要进行更换的木门窗和后人改建的门窗都进行了拆卸。

拆卸过程中，监理人员要求施工单位谨慎施工，不要对构件造成太大的破坏，拆卸后要妥善保管。

（4）室内吊顶拆卸

施工前，三个建筑的原状室内吊顶被后人改建严重，图纸会审时，设计单位同意对室内吊顶进行全部拆卸。

室内吊顶拆卸施工时，监理人员要求施工单位注意施工安全，吊顶上严禁上人。

每个部位拆卸施工完成后，监理人员都会同建设单位、施工单位对拆卸内容和拆卸范围进行检查，经检查，均符合设计方案、设计交底和规范要求。

3. 梁架等大木构件维修、补配质量控制成效

在梁架维修阶段，监理人员要求施工单位严格按照文物保护原则进行施工，保存较好的构件仅作现状保护处理即可，对于劈裂的构件要求施工单位按照设计图纸要求

进行胶粘嵌补木条加固处理，对于糟朽严重不能继续使用的大木构件同意施工单位进行补配、更换。

（1）大木构件更换、补配施工

大木构件制作阶段，监理人员对构件的尺寸进行测量，将其规格同设计图纸、建筑现状进行对比检查。大木架安装阶段，监理人员对各木构件安装位置、接头处榫卯结构安装牢固程度进行检查，对构件安装的垂直度、水平度进行检查，保证梁架结构稳固。

本次维修施工新补配、更换的大木构件主要有：

维修施工表

建筑单体	更换构件名称	更换构件位置
1号楼	檩条	南抱厦前坡檐檩
	檩条	南抱厦后坡檐檩
	檩条	南1间前坡檐檩
	檩条	南1间前坡下金檩
	檩条	南1间前坡中下金檩
	檩条	南1间前坡中上金檩
	檩条	南1间脊檩
	檩条	南1间后坡下金檩
	檩条	南1间后坡中下金檩
	檩条	南1间后坡上金檩
	檩条	南2间前坡檐檩
	檩条	南2间后坡中下金檩
	檩条	南2间后坡上金檩
	檩条	南4间前坡檐檩
	檩条	南4间前坡上金檩
	檩条	明间前坡下金檩
	檩条	明间前坡中下金檩
	檩条	北1间后坡中下金檩
	檩条	北4间前坡下金檩
	挑檐梁	南1间南缝后坡挑檐梁
	挑檐梁	南2间南缝后坡挑檐梁

续表

建筑单体	更换构件名称	更换构件位置
1号楼	挑檐梁	南3间南缝后坡挑檐梁
	挑檐梁	南4间南缝后坡挑檐梁
2号楼	檩条	南1间前、后坡所有檩条
3号楼	檩条	南1间后坡檐檩
	檩条	南1间后坡下金檩
	檩条	南1间前坡下金檩
	檩条	南2间前坡下金檩
	檩条	南3间前坡下金檩
	檩条	南3间前坡中下金檩
	檩条	明间后坡下挑檐檩
	檩条	北1间前坡下金檩
	檩条	北1间前坡檐檩
	檩条	北1间后坡下金檩
	檩条	北2间前坡中下金檩
	檩条	北2间前坡中上金檩
	檩条	北2间后坡中下金檩
	檩条	北3间后坡下金檩
	檩条	北3间后坡中下金檩
	檩条	北4间后坡下金檩

（2）大木构件加固施工

大木构件加固施工时，监理人员要求施工单位按照设计图纸要求进行施工，保证残损梁架都得到有效的修缮，现场检查裂缝胶粘加固的情况，对于黏结牢固程度进行检查，保证大木架加固施工质量。

大木架施工完成后，监理单位同建设单位、施工单位共同对大木架进行了检查，大木架结构稳定，构件更换、加固符合文物保护原则，外观效果良好，质量合格。

4. 屋面望板、博缝板、遮檐板制作、归安质量控制成效

在屋面木基层修缮阶段，监理方要求施工单位坚持文物保护“最小干预”的原则，最大程度保留原有构件。但是由于年久失修，木构件糟朽比较严重，因此本次修缮更换构件数量较多。遮檐板、博缝板由于受日晒雨淋严重，糟朽程度大，本次修缮按照设计方案进行了全部更换。望板由于屋面漏雨糟朽也比较严重，仅1号楼北抱厦望板进行了保留，其他部位望板全部进行了更换。

在木基层构件制作阶段，监理方对于制作的望板、博缝板、遮檐板等木构件进行测量，将其规格同原有形制和设计要求进行对比、检验。

归安阶段监理人员检查望板铺设平整度、检查博缝板和遮檐板安装的水平度和垂直度，对于检查中发现望板存在板缝过大的问题，责令施工方整改。对于安装完毕的构件进行牢固性检验。

木基层施工结束后，监理单位及时会同业主单位、施工单位共同对该分项工程进行了检查验收，经检查，木基层结构稳定，观感效果良好，质量合格。

5. 屋面防水质量控制成效

自粘防水卷材施工前，监理人员要求施工单位首先对望板表面的杂质、灰尘清理干净，保证基底整洁，确保黏结牢固。

自粘防水卷材施工过程中，监理人员严格履行旁站监理职责，监督施工方按照图纸会审确定的方案和规范要求进行施工，现场检查有无皱褶、鼓泡、翘边等黏结不牢固的情况，检查搭接宽度是否符合规范要求、是否进行按压粘牢，对于检查中发现皱褶、隔离纸剥离不干净导致黏结不牢固的问题，监理人员要求施工单位当场进行整改。

屋面防水施工完成后，监理单位和业主单位、施工单位共同对防水工程质量进行了验收，经检查，防水粘贴牢固，无渗漏隐患，质量合格。

6. 屋面挂瓦质量控制成效

挂瓦前，监理人员监督施工方按照瓦件的尺寸钉挂瓦条。对施工方挂瓦条放线进行监督，对挂瓦条间距、水平度等进行测量检查。

材料方面，监理人员监督施工方对所用瓦件进行检查筛选，禁止使用酥碱、破裂瓦件，确保了屋面所有瓦件质量基本合格。

在挂瓦施工过程中，监理人员及时检查瓦件是否落槽密实、有无翘角和松动的现象，检查瓦面坡度是否符合要求，对于检查中发现的落槽不密实、瓦件破裂等问题，现场提出整改要求。挂瓦结束后监理人员监督施工方对瓦面进行清扫、处理等，确保观感效果良好。

在屋面挂瓦工程完成后，监理人员同业主单位、施工单位共同对屋面瓦工程进行了检查验收，经检查，屋面平整、坡度直顺、瓦件牢固、无漏雨隐患、瓦面整洁、观感效果良好，质量合格。

7. 墙体外立面施工质量控制成效

本次修缮墙体外立面的施工内容包括：清理后人增加的墙体外粉涂料，切除3号楼前檐墙和两山墙后人增加的干粘石、水泥砂浆面层，挖补墙体酥碱、碎裂墙砖，修补墙体瞎缝。

墙体外立面涂料清理、面层切除前，监理人员要求施工单位按照设计单位的要求先进行试验段施工，试验段施工后，建设单位、监理单位、施工单位三方现场查看了施工效果，恢复了文物原貌，同意施工单位大面积施工。

墙体外立面涂料清理施工过程中，监理人员现场检查施工效果，对于检查过程中发现的边角部位清理不干净、面层切除后砖面抹纹明显观感效果差的问题提出整改要求。墙体外立面涂料清理过程中，监理人员现场发现涂料下层有早期宣传标语，征求建设单位意见后，要求施工单位进行保留。

在墙体挖补施工阶段，监理人员要求施工方严格按照设计和规范要求进行施工，对于挖补的部位、面积进行严格的审查，严禁施工单位使用破坏性大的器械，既确保了残损程度严重的青砖得到了更换，也避免了人为对保存较好的青砖的损坏，最大程度保证了文物建筑墙体的维修质量。墙体挖补施工时，监理人员现场检查挖补后墙面的平整度、灰缝大小、灰缝平直度、灰浆饱满程度等，对于出现的问题及时提出整改要求。

墙体外立面瞎缝修补时，监理人员要求瞎缝修补前及时洒水，墙面洇湿，确保水泥砂浆黏结牢固，修补瞎缝时，监理人员现场检查灰缝是否平直、检查灰缝宽窄是否均匀一致，对于检查中发现的灰缝不平直的问题，监理人员现场要求施工单位进行整改。

墙体外立面施工完成后，建设单位、监理单位、施工单位三方共同对施工质量进行了检查验收，经检查，墙体外立面经过修缮后恢复了文物原貌、墙面整洁、灰缝饱满、观感效果良好，墙体修缮质量合格。

8. 墙体加固质量控制成效

墙体加固施工前，监理人员对加固所需的钢筋、水泥、砂等材料的质量进行检查，督促施工单位对材料进行取样送检。

墙体加固施工时，监理人员首先对内墙面清理情况进行检查，要求施工单位必须将内墙面清理干净，确保加固水泥砂浆黏结牢固，对于检查中发现的内墙面清理不彻底的问题，监理人员现场要求施工单位进行整改。钢筋放线施工时，监理人员现场检查钢筋分布放线情况，检查放线是否横平竖直，检查放线间距是否符合设计图纸要求。拉结筋锚固施工时，监理人员现场拉结筋锚固深度、孔洞清理情况、植筋胶注胶情况、拉结筋锚固牢固程度等，对拉结筋锚固深度、间距和牢固程度进行抽检。钢筋网片安装施工时，监理人员现场检查钢筋网片钢筋分布情况、钢筋网片焊接牢固程度、加强筋分布情况、加强筋焊接牢固程度，对于检查中发现的钢筋布设间距不符合要求等问题，现场要求施工单位进行整改。水泥砂浆加固墙体施工时，监理人员现场对 M15 水泥砂浆配合比和拌和质量、水泥砂浆抹面密实程度、水泥砂浆面层厚度、加固后墙面平整度、水泥砂浆养护情况等进行检查。

墙体加固施工完成后，建设单位、监理单位、施工单位三方人员共同对该分部工程进行了检查验收，经检查，墙体经过加固后结构牢固，观感效果良好，质量合格。

9. 墙体内粉质量控制成效

在墙体内粉施工前，监理人员对用于内粉的 1∶3∶9 水泥石灰砂浆的配合比和搅拌后质量进行检查，合格后方可使用。

在水泥石灰砂浆打底施工过程中，监理人员首先检查内墙面是否清理干净、是否洇透，确保新做抹灰层能够黏结牢固，检查抹灰层厚度，检查是否存在抹纹、边角不顺直、平整度不符合要求等情况，对于检查中发现的边角不顺直的情况，监理人员现场要求施工单位进行整改。

内墙刮腻子施工时，监理人员首先检查腻子粉的拌制的水灰比例和拌制质量，刮腻子施工过程中，监理人员现场检查是否存在抹纹明显、表面不平整、边角不顺直等问题，对于存在的问题责令施工单位进行整改。腻子打磨施工时，监理人员现场检查打磨质量，确保表面平整、光滑。

内墙面刷乳胶漆施工时，监理人员现场检查乳胶漆颜色是否均匀一致，检查表面是否光滑、整洁。

墙体内粉施工结束后建设单位、监理单位、施工单位三方人员对该项工程进行了验收，经检查，内粉各层黏结牢固、无空鼓情况、表面平整、色泽一致、观感效果良好，质量合格。

10. 室内地面施工质量控制成效

本次工程室内地面修缮主要是对三个文物建筑的一层室内地面标高进行抬升。

室内回填土施工前，监理人员首先对进场的素土质量进行检查，严禁施工单位使用含有杂物的黄土。回填土施工过程中，监理人员对虚铺厚度、压实程度、压实后厚度等进行检查。

室内地面混凝土浇筑施工时，监理人员首先对混凝土拌和质量进行检查，对于检查中发现的配合比不符合要求、拌和不均匀的问题，监理人员现场提出整改要求。浇筑施工过程中，监理人员现场检查浇筑厚度，要求施工单位及时振捣。

面层收光施工时，监理人员现场检查水泥砂浆、素水泥浆拌制质量，检查面层是否平整、光滑。

在室内地面施工结束后，建设单位、监理单位、施工单位三方人员共同对该分部工程进行了检查验收，经检查，室内地面标高抬升后改善了文物原状室内地面低于院内地面的情况，地面结构稳定，表面平整，观感效果良好，质量合格。

11. 室内吊顶质量控制成效

室内吊顶前，监理人员再次对吊丝、龙骨、石膏板的质量进行了检查。

室内吊顶施工时，监理人员现场检查拉丝和龙骨安装是否牢固、检查拉丝和龙骨安装间距是否符合规范要求、抽检龙骨安装水平度是否符合要求、对石膏板安装水平度和牢固程度进行检查。

对于现场检查中发现的拉丝扭曲、石膏板破裂等问题，现场要求施工单位进行整改。

室内吊顶面层刮腻子、刷乳胶漆施工阶段，监理人员现场检查腻子粉的拌制的水灰比例和拌制质量，检查是否存在抹纹明显、表面不平整、边角不顺直等问题，对于检查中发现的问题，要求施工单位进行整改。

室内吊顶施工结束后，建设单位、监理单位、施工单位共同对吊顶质量进行了检查验收，经检查，吊顶结构牢固、表面平整、色泽均匀一致，观感效果良好，质量合格。

12. 散水施工质量控制成效

在散水施工前，监理人员对 C15 混凝土配合比和搅拌后质量进行检查，合格后方可使用。

散水基础开挖施工时，监理人员对开挖宽度和深度进行检查。三七灰土垫层施工时，监理人员检查夯筑密实度和夯筑厚度，检查夯筑后表面是否平整。浇筑混凝土时，检查浇筑宽度、厚度和泛水坡度，要求施工人员及时振捣。

散水施工结束后，建设单位、监理单位、施工单位共同对该项工程进行了验收，经检查，散水坡度均匀、满足排水功能、表面平整、观感效果良好，质量合格。

13. 门窗木装修制作、安装质量控制成效

除3号楼楼梯间高窗外，三个建筑其他门窗普遍存在不同程度的糟朽和后人改建的情况，在图纸会审和设计交底时，同意对3号楼高窗以外的门窗都进行更换，以满足修缮后的使用功能。

在门窗更换施工前，监理人员要求施工单位按照设计图纸和文物建筑现状对门窗尺寸、样式进行勘察，保证恢复新补配门窗符合原状要求。由于施工单位采用场外加工的方式制作门窗，监理人员要求施工单位向加工厂做好交底，确保按照设计图纸和原状门窗施工。

成品门窗进场时，监理人员现场检查门窗加工的外观质量，核对规格样式，符合要求后方可进场。

在门窗安装施工阶段，监理人员现场检查安装水平度和垂直度，检查木构件安装位置、安装牢固程度，检查门窗开合情况，对于检查中发现的开合不顺畅的问题，监理人员要求施工单位进行整改。

木装修施工结束后，建设单位、监理单位、施工单位共同对该项工程进行了检查验收，门窗安装牢固、开合顺畅，满足使用功能，质量合格。

（二）工程进度控制成效

在本次维修工程施工前，监理人员对施工方的工程进度表进行了审查，不合理的地方要求施工方进行调整。进度方案通过后，监理人员督促施工单位按照进度计划进行施工，保证工程进度。

除此之外，监理人员经常与施工方进行沟通，及时了解工程施工计划，随时与业主方保持联系，对施工方提出的停工事宜慎重处理。

经过各方的共同努力，本工程按照施工合同工期要求顺利完工，工期140日历天。

（三）工程安全管理控制成效

文物修缮工程安全管理不仅要确保施工人员的人身安全，同时要保证文物建筑的安全。监理人员在日常巡视过程中、工程例会上屡次强调工程安全的重要性，在监理工作中，始终将安全工作放在第一位。

在脚手架搭建过程中，监理人员监督施工人员按照设计要求和脚手架搭建规范进行搭建，对于扣件、钢管、镀锌铁丝质量等进行细致检查，对各立杆、横杆间距进行尺量，确保符合规范，满足设计要求。脚手架搭好后，监理人员上架对脚手架稳定性、脚手板质量、数量以及安全网的悬挂进一步检查。

监理人员在现场巡视过程中尤其注重施工安全的检查，监督施工人员必须戴安全帽、穿反光背心、高处作业必须系安全带，施工期间严禁施工人员在施工场地内抽烟，对于施工方消防、临时用电等安全措施进行细致检查，对于检查发现的问题要求施工单位落实整改。

此外，现场监理人员不定时组织参建单位人员对施工现场消防安全、临时用电、机械操作等情况进行全面检查，发现问题及时要求施工单位进行整改。

在各方的共同努力下，本工程实现了文物和施工安全的零事故。

（四）工程信息资料管理工作成效

根据与业主方签订的委托监理合同的约定和监理规划的要求，监理人员在监理过程中对工程信息资料进行了有效的管理工作，主要工作内容如下：

1. 根据监理规划要求对施工过程中重点、难点步骤进行旁站监理，填写《监理旁站记录表》13 份。

2. 每天在当日的工程结束后，对于当天的施工情况进行总结、记录，形成了本工程的监理日志。

3. 对于召开的例会、现场协调会等进行会议记录，并提交三方共同签字确认，保证了在工程中三方达成的一致协议有文字依据。本次工程召开图纸会审会议 1 次、第一次工地会议 1 次、工地例会 2 次。

4. 对每月的监理工作进行总结，编写监理月报 5 份。

工程结束后，监理单位向业主单位提供了胶装完成的监理资料汇编。

五、工程评价

河南省文物考古研究院 1 号楼、2 号楼、3 号楼修缮工程在参建各单位的共同努力下顺利完工，2022 年 8 月 22 日，工程进行了四方验评，各单位均认为工程施工符合要求，工程质量合格。同时，各方对于修缮过程存在的一些细节问题提出了完善意见：1号楼、3号楼楼梯台阶面层水泥砂浆脱落，需要进行修补；2号楼⑥轴一层梁与墙之间的吊顶缺口需要处理；2号楼平台边缘不平直，需要进行处理。四方验评后，监理人员监督施工单位对以上问题进行了整改。

总体而言，本次修缮工程对文物建筑的病害采取的施工方法和措施可行有效，符合设计方案和规范要求。根据掌握的工程情况，监理单位认为本工程符合合格工程的标准。

后记

河南省文化局文物工作队成立于1952年，是全国最早成立的文物考古研究院所之一。作为河南省文物考古研究院前身，河南省文化局文物工作队自建立以来，承担了国内大量文物的调查、发掘、保护和科学研究任务，在“夏商周断代工程”“中华文明探源工程”“考古中国”等国家重点课题研究中取得了瞩目成就，培养了大批文物考古专业人才，发表出版了多项重大研究专著，为中国考古学发展做出了突出贡献。

党的二十大报告提出：“加大文物和文化遗产保护力度，加强城乡建设中历史文化保护传承”。河南省文化局文物工作队旧址历经七十年风雨洗礼，是河南文物考古工作的重要历史见证，也是河南省近现代建筑重要代表，2021年被河南省人民政府公布为河南省文物保护单位。然而，旧址原有建筑年久失修，2021年遭受郑州“7·20”特大暴雨侵袭后，受损更加严重。河南省文化局文物工作队旧址作为具有重要意义的文化遗产，对延续历史文脉、传承考古精神、推动城市精神文明建设发展，促进历史文化保护传承与城市建设有机融合、坚定文化自信具有重要意义。为做好旧址建筑的系统保护、合理利用与文化传承工作，2022年，河南省文物考古研究院决定对河南省文化局文物工作队旧址三座文物建筑进行维修，并得到了河南省文物局批准。经过公开招标，河南省文物建筑保护设计研究中心承担此次项目勘察设计任务，河南省龙源古建园林技术开发公司承担施工任务，河南安远文物保护工程有限公司承担监理任务。

在接到监理委托重任时，作为本书主编之一的牛宁先生正在为全国文物保护工程专业执业人员资格考试编写监理教材《文物保护工程监理实务》和《文物保护工程监理通论》。为方便参考人员学习和复习相关内容，牛宁先生准备挑选不同类型的文物保护工程实例作为教材参考资料。此次河南省文化局文物工作队旧址建筑维护修复将成为文物保护工程维修珍贵的实践资料，为文化遗产保护、修复及综合利用提供有益参考。恰逢河南省文物考古研究院建院七十周年，本书编撰将成为河南省文物保护事业发展壮大的重要见证。基于此，牛宁先生向院领导提出了编写工程实录的建议，得到了院领导采纳。

本书由沈锋、牛宁主编，许鹤立、刘文思、张一丹、郭丹丹担任副主编，第一、二章由许鹤立、刘文思、牛安逸撰写，第三章由刘文思、牛远超撰写，第四章由张一丹、王明明、张增辉撰写，第五、六章由郭丹丹、牛远超撰写。河南省文物考古研究院刘海旺院长、沈锋书记一直关注着修缮工程的每一步进度，也关心着书籍出版工作，沈锋书记还亲自为本书题写了序言。另外，本书出版也得到了施工单位河南省龙源古建园林技术开发公司、设计单位河南省文物建筑保护设计研究中心的大力支持和帮助，在此致以诚挚谢意！

由于水平有限，本书难免存在诸多不足，恳请广大读者批评指正！我们衷心希望本书对文物保护工程广大从业人员有所助益。同时，借此抛砖引玉，希望能看到更多优秀的文物保护工程实录编著和出版，共同为我国文化遗产保护事业做出贡献！

编　者